WOHLLEBENS
WALDAKADEMIE

WALD
GEHEIMNISSE

Der Waldführer für Entdecker

LUDWIG

INHALT

Vorwort 13
Einleitung 15

Kapitel 1

WIE FUNKTIONIERT EIN BAUM? 19

Gefährliche Kinderstube 20
Die Schichten des Baumes 22
Wie wächst ein Baum? 26
Die Wurzeln – das Gehirn des Baumes 29
Wie ernähren sich Bäume? 34
Wie trinken Bäume? 39
Abwehrstrategien und Todesursachen 42

Kapitel 2

BÄUME AUF DER WIESE UND IM GARTEN 47

Pionierbaumarten 48
Die Zitterpappel 49
Die Birke 51
Überlebensstrategien von Apfel- und Walnussbaum 53

Kapitel 3

HERAUSFORDERUNGEN DES LEBENS 55

Strategien bei Trockenheit 56
Lerneffekt und Epigenetik 57
Klimaanlage und Regenmacher 58

Kapitel 4

IM WALD 63

Licht und Schatten 64
Bäume als soziale Lebewesen 67
Langsam zum Ziel 67
Pilze – die unterirdischen Helfer 71
Die Sprache der Bäume 74
Die Sprache der Pilze 75
Duftkommunikation 78
Totholz als Lebensraum und Klimaanlage 80
Wenn Bäume schlafen 81
Flechten und Moose 83

Kapitel 5

FASZINATION WALDBODEN 93

Woraus besteht Waldboden? 94
Unsichtbare Artenvielfalt 99
Wie speichert der Boden Wasser? 108

Kapitel 6

AUF DEN SPUREN DER WALDTIERE 111

Die richtigen Fragen stellen 112
Steckbrief Fuchs 114
Wildwechsel 119
Rabenvögel 122
Eichelhäher 123
Elster 125
Kolkrabe 126
Spechte 129
Schwarzspecht 131
Mittelspecht 132
Buntspecht 133
Das Vertrauen der Vögel gewinnen 136

Kapitel 7

ESSBARES AUS WALD UND WIESE 139

Warum Wildkräuter sammeln? 140
Die Angst vor dem Fuchsbandwurm 148
Ist das giftig? 159

Kapitel 8

DIE JAHRESZEITEN IM WALD 171

Frühling 172
Sommer 175
Herbst 176
Winter 182

Kapitel 9

WALD UND MENSCH 189

Wem gehört der Wald? 190
Was ist im Wald erlaubt? 191
Was darf im Wald gesammelt werden? 194
Warum brauchen wir überhaupt Wald? 194
Wodurch schaden wir dem Wald? 200
Das Drama der Bodenverdichtung 204

Kapitel 10

ZUKUNFTSVISIONEN FÜR DEN WALD 211

Klimafaktoren 212
Durchschnittstemperatur und Hitzetage 212
Niederschlag 214
Waldbrand 217
Wie gehen wir aktuell mit dem Wald um? 221
Holzeinschlag in Deutschland 221
Lücken im Kronendach 222
Monokulturen 223
Zukunftsbaumarten 224
Holzverbrauch in Deutschland 233

Waldvision: Gedankenspiel für die Zukunft 240
Forstwirtschaft neu gedacht? 241
Sinnvolle Subventionen 241
Waldbesitzende als Waldguides 242
Was können wir selbst für den Wald tun? 245
Ernährung 245
Bewusster Konsum 248
Engagement 248

Kapitel 11

ABENTEUER WALD **253**

Die Kunst des Feuermachens 254
Zunder 254
Richtig Feuerholz sammeln 260
Die Feuerstelle 262
Der richtige Feueraufbau 266
Übernachten im Wald 268
Komfortzone langsam erweitern 269
Der richtige Untergrund 272
Wetterschutz 273
Tipps gegen Kälte 275
Nahrung für das Waldabenteuer 278
Notfallset 283
Apotheke und Lifehacks aus der Natur 288
Outdoor-Körperpflege 290
Ideen für dein Mikroabenteuer 293
Kleine Outdoor-Challenges für zwischendurch 300

Schlusswort 306
Antworten auf die Quizfragen 308
Endnoten 309
Bildnachweis 318
Impressum 319

Vorwort

Ein Buch, welches all das zusammenfasst, was man bei einem Waldspaziergang oder gar Abenteuer braucht – das wär' es doch! Nein, das ist es, denn du hältst es gerade in der Hand. Es ist, wie viele andere Bücher aus dem Hause Wohlleben, auf vielfache Nachfrage von Teilnehmerinnen und Teilnehmern der Führungen und Seminare der Waldakademie hin entstanden, die das Erlebte im Anschluss noch einmal nachlesen wollten. Eine zunächst schwierige Aufgabe, denn der Wald ist ein ganzes Universum, das sich nicht so einfach zwischen zwei Buchdeckel pressen lässt. Will man es dennoch wagen, muss man sich auf die Aspekte konzentrieren, die wirklich relevant sind. Und da ist in diesem Buch ein wirklich bunter Strauß für jede Jahreszeit zusammengekommen.

Zunächst nimmt die Waldakademie dich mit hinaus zu den Bäumen. Keine Sorge, dabei geht es nicht um trockene Bestimmungsübungen, sondern darum, was diese Geschöpfe da draußen eigentlich treiben. Und das ist eine ganze Menge! Wusstest du, dass die Zitterpappel zittert, um ihre Blätter zu trocknen? Oder dass Apfelbäume ihre Verwandtschaft vergiften, um in Ruhe ihr eigenbrötlerisches Leben führen zu können?

Wald besteht aber nicht nur aus Bäumen, und deshalb kommen auch Pilze und Tiere nicht zu kurz. Hier geht es ebenfalls mehr um das Entdecken: Wie versetzt du dich am besten in ein Tier, um herauszufinden, wo du besonders erfolgreich seine Spuren finden kannst? Dazu brauchst du ein paar Daten und Fakten, um à la Sherlock Holmes ermitteln zu können, und diese werden natürlich geliefert. Das macht unglaublich viel Spaß, übrigens ganz besonders Kindern. Und falls dir der Wald so gut gefällt, dass du gleich draußen übernachten möchtest: Bitte schön, auch hierzu findest du jede Menge Tipps und Tricks, die das Leben draußen erleichtern. Vom Errichten eines Lagers über das Feuermachen und grüne Snacks, die an jeder Ecke von der Natur angeboten werden, bieten sich viele neue Erfahrungen und kulinarische Erlebnisse. Selbst ungeliebte Pflanzen wie die Brennnessel werden spätestens nach der Zubereitung als Chips der Renner bei deiner nächsten Outdoor-Party sein – versprochen!

Doch Moment – darf man das denn überhaupt alles im doch recht intensiv regulierten Deutschland? Auch hier klärt die Waldakademie auf und ordnet verlässlich ein, damit du dein Abenteuer ohne Sorgen auf amtliche Zurechtweisung genießen kannst.

Leider ist nicht nur alles eitel Sonnenschein, und deshalb darf ein Streifzug durch Forstwirtschaft und Klimawandel nicht fehlen. Täglich erreichen uns düstere Nachrichten über Themen wie das keineswegs umweltfreundliche Heizen mit Holz, über Kahlschläge und Waldbrände. Doch die Waldakademie ist optimistisch, dass wir den Wald retten können. Und es handelt sich dabei nicht etwa um Zweckoptimismus, sondern um echte Zuversicht, die sich aus einer Reihe von Lösungsmöglichkeiten speist. Etliche davon kannst vielleicht sogar du in deinen Alltag integrieren.

Kurz und gut: Das Buch »Waldgeheimnisse« soll die Lust in dir wecken, gleich nach dem Lesen die Wanderschuhe zu schnüren und hinaus zu den Bäumen zu gehen. »Wir lieben den Wald«, so lautet das Motto der Waldakademie, und dieser Liebe wurde hier Ausdruck verliehen.

Nur was wir lieben, werden wir auch schützen – in diesem Sinne wünsche ich dir viel Spaß mit diesem Handbuch und anschließend draußen im Wald!

Peter Wohlleben

Einleitung

Der Wald – es gibt kaum einen Ort, mit dem wir so viele Kindheitserinnerungen, mystische Fantasien und ein Gefühl von Entschleunigung verbinden. Er scheint oft die letzte Möglichkeit in unserer ansonsten so aufgeräumten Landschaft zu sein, in der wir einen Hauch von Abenteuer und Wildheit erleben können, ein Ort, an dem es noch ungelüftete Geheimnisse und Unvorhersehbares gibt. Auf der anderen Seite machen sich zunehmend viele Menschen – zu Recht – Sorgen um unsere Wälder: An vielen Stellen muss der Wald weichen, um Platz zu machen für Industriestandorte oder Windkraftanlagen oder um unseren anscheinend nie endenden Holzhunger zu stillen. Haben wir überhaupt noch richtigen Wald?

Mit unserem Buch möchten wir die Geheimnisse des Waldes wieder zugänglich machen und das eine oder andere Rätsel lüften. Wir möchten dazu anregen, wieder auf Streifzüge zu gehen, sich auf Spurensuche zu begeben oder Wildkräuter zu sammeln. Wir werden uns das Lebewesen Baum anschauen, die Lebensräume dieses Giganten und seine Vorlieben und Besonderheiten, das dunkle Reich des Waldbodens erforschen und die verschiedenen Jahreszeiten im Wald erleben. Vor allem räumen wir aber auch mit gängigen Mythen auf, die sich rund um das Thema Wald etabliert haben, einem genaueren Blick meist jedoch nicht standhalten können.

Wie geht es zukünftig mit dem Wald weiter? Welche Veränderungen hält der Klimawandel bereit, und was können wir als Einzelpersonen tun, um die Entwicklungsrichtung zu beeinflussen? Was muss passieren, damit wir auch zukünftig einen gesunden Wald haben, der auch den folgenden Generationen noch Raum für Abenteuer und Erholung bietet?

Mit diesem Buch versuchen wir als Team von Wohllebens Waldakademie, Antworten zu geben auf die vielfältigen Fragen zu diesem umfassenden Thema, aber vor allem möchten wir Hoffnung machen und die Lust wecken, den Wald wieder als das zu sehen, was er eigentlich ist: ein Wunderwerk der Natur.

Kapitel 1

WIE FUNKTIONIERT EIN BAUM?

Bäume sind hochkomplexe Lebewesen. Selbst grundlegende Funktionen wie den Wassertransport innerhalb eines Baumes hat man bis heute nicht abschließend geklärt. Und dennoch schreitet die Wissenschaft in großen Schritten voran – mittlerweile wird sogar am Schmerzempfinden von Pflanzen geforscht. In diesem Kapitel lüften wir einige Geheimnisse dieser wundervollen Lebewesen.

Gefährliche Kinderstube

Bäume sind Lebewesen. Genau wie Tiere und Menschen haben sie einen Stoffwechsel, nehmen ihre Umwelt wahr und interagieren mit ihr. Sie haben keinen Blutkreislauf und kein pumpendes Herz, und doch sind sie lebendig – anders zwar als Tiere und Menschen, aber ihnen dennoch überraschend ähnlich. Bäume müssen ihr Leben lang am selben Fleck stehen, anders als wir Menschen können sie weder bei Gefahr weglaufen, noch können sie sich ihre Nachbarn aussuchen. Gerade deshalb sind sie in der Lage, ihr Leben lang auf Umwelteinflüsse zu reagieren und sich gegen Feinde zu verteidigen – vorausgesetzt, sie sind gesund.

Werfen wir doch einmal einen genaueren Blick auf die langsamen Giganten und schauen uns an, wie ihr Körper aufgebaut ist.

Das Leben eines Baumes beginnt mit der Befruchtung der Blüten seiner Eltern. In den anschließend gebildeten Samen liegt zusammengefaltet der Embryo. In seinen Genen ist der komplette Bauplan für den Baum enthalten – inklusive gehaltvoller Nährstoffe und reichlich Stärke, damit das Baumkind Wegzehrung für den Start hat. Ist es feucht und mild genug, beginnt ein Samen oft schon nach wenigen Wochen zu keimen. Zunächst bildet sich eine Wurzel, mit der sich der kleine Baum an Ort und Stelle in den Boden vortastet und dort verankert. Erst danach bildet er einen Spross, der seine ersten Keimblättchen Richtung Licht streckt. Die Keimblätter haben häufig eine andere Form als die nachfolgenden Blättchen. Bei Buchenkeimlingen erinnern sie an fleischig dunkelgrüne Schmetterlingsflügel. Die Keimblätter beginnen nach ihrer Entfaltung direkt mit der Fotosynthese und stellen für den kleinen Baum den ersten Zucker her, den er nutzen kann, um die nachfolgenden Zweige und Blätter zu entwickeln.

Abb. rechts: Keimende Eiche

Nun hat der kleine Baum einen langen Weg vor sich – er wächst unermüdlich Richtung Licht, sofern er nicht zu stark von seinen Familienmitgliedern beschattet wird. Die Mutterbäume bremsen den Nachwuchs, denn nur ein langsamer Jugendstart garantiert ein langes Leben. Je natürlicher seine Umgebung, desto dunkler ist der Wald und desto länger wird es dauern, bis der Tag kommt, an dem mehr Licht für ein rasches Wachstum zur Verfügung steht. Bis dahin kann viel passieren: Ein Wildschwein verspeist den Keimling, ein Reh stutzt den zarten Trieb herunter, oder es ist einfach zu dunkel und der Keimling stirbt irgendwann wieder ab. Von den knapp zwei Millionen Bucheckern, die eine Buche in ihrem Leben hervorbringt, wird nur ein einziges Baumkind zu einem Riesen heranwachsen, der genauso groß und alt wird wie der Mutterbaum – wenn es gut läuft.[1] Alle anderen Geschwister werden entweder bereits als Buchecker verspeist oder zersetzt, die übrigen sterben als Jungspunde in der Kinderstube ab.

Wenn im Keimlingsstadium alles gut gegangen ist, wächst der kleine Baum ganz langsam und gemächlich weiter in Richtung Licht. Dafür bildet er jedes Frühjahr neue Triebe aus.

Hat er viel Licht zur Verfügung, sind diese Triebe Dutzende Zentimeter lang, bekommt er jedoch kaum Licht, kann es sein, dass er in einem Jahr nur wenig mehr als einen Millimeter wächst. Solche wartenden Jungbäume erkennt man daran, dass ihre Seitentriebe länger sind als ihre Höhentriebe.

Die Schichten des Baumes

Stehen wir vor einem Baum, schauen wir nur auf die Haut und die äußeren Körperteile wie Zweige, Blätter und Wurzeln. Die inneren Schichten bleiben unseren Blicken in der Regel verborgen.

Die Borke, als Teil der Baumrinde, ist die äußerste Hülle, die genau wie unsere Haut den Baum vor Sonnenlicht, Nässe, Trockenheit und Krankheitserregern wie beispielsweise Pilzen schützt. Genau wie unsere Haut stößt auch der Baum hier regelmäßig alte, abgestorbene Zellen ab – er schuppt sich. Je nach Baumart sind diese abgestoßenen Teile unterschiedlich groß: Bei Platanen platzen riesige Borkenstücke von den Bäumen, und auch bei älteren Kiefern kann man diese um den Stamm herum am Boden liegen sehen. Bei anderen Arten wie der Buche oder der Hainbuche sind die kleinen Schuppen für unsere Augen kaum sichtbar. Manchmal kann man an bestimmten Baumarten auch besondere Phänomene beobachten. Bei den sogenannten »Kragenkiefern« stehen einzelne Bereiche der Borke in kreisförmig angeordneten Schuppen von den Kiefernstämmen ab. Ein ungewöhnlicher Anblick, der sicher schon so manchen Waldspaziergänger verwundert hat. Wie genau dieses Phänomen zustande kommt, ist wissenschaftlich noch nicht abschließend geklärt.[2]

Glattrindige jüngere Laubbäume weisen manchmal waagerechte punktförmige Reihen kleiner Narben auf. Hier waren im Frühjahr Spechte zugange, die an süßes Baumwasser gelangen wollten. Kurz bevor die Blätter austreiben, herrscht im Baum ein hoher Wasserdruck, und Löcher in der Rinde lassen dieses Wasser austreten. Das lassen sich die Spechte schmecken, aber auch Ameisen, die manchmal kreisförmig um die nassen Flecken herumsitzen, genießen das süße Wasser.

Spechtringelung in einem glattrindigen Laubbaum

Je älter der Baum wird, desto langsamer verliert er Schuppen. Dadurch halten sich ältere Lagen der Rinde außen am Baum, und da diese alten Schichten zum neuen, größeren Durchmesser nicht mehr passen, reißen sie ein. Auch die Bäume sind also vor Falten im Alter nicht gefeit – ebenso wie unsere Haut wird die schützende Hülle mit den Jahrzehnten (und Jahrhunderten) immer faltiger und rissiger. Das kann dazu führen, dass eine mehrere Hundert Jahre alte Buche von der Rinde her irgendwann einer Eiche ähnelt – man sieht ihr die Jahre einfach schon von außen an.

Wird ein Nadelbaum an der Rinde verletzt, versucht er, die Wunde mit Harz gegen Eindringlinge zu schützen. Denn das, was unter der äußersten Schicht liegt, ist kostbar und sehr verletzlich. Borkenkäferattacken gegen gesunde Fichten be-

Die Schichten des Baumes

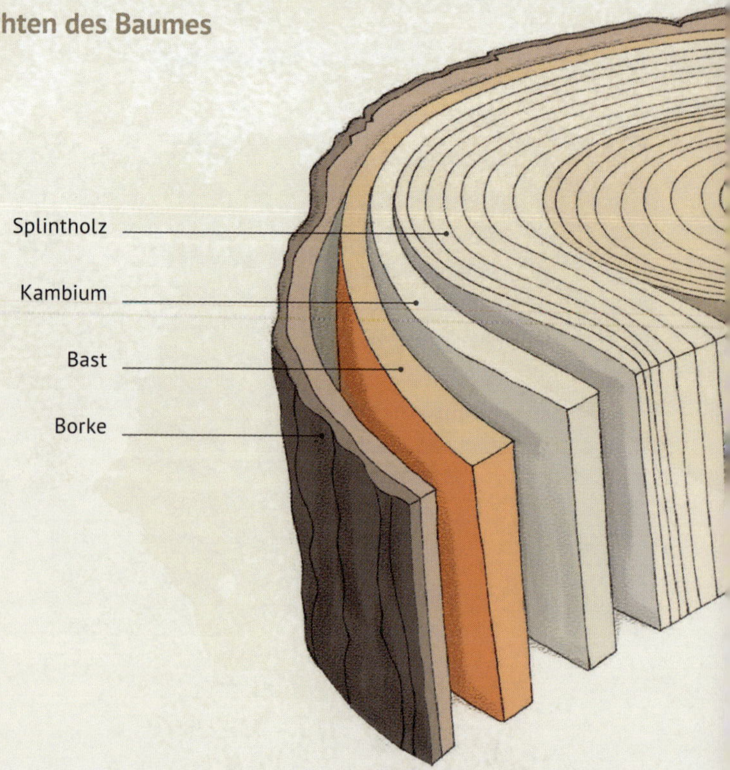

wirken, dass der ganze Baumstamm mit glitzernden, klebrigen Tröpfchen übersät ist. Grundsätzlich ist das ein Zeichen dafür, dass die Fichte die Attacke gut abwehren konnte.

Unter der Borke befindet sich das Bastgewebe. Es besteht aus den Zuckerleitungen des Baumes. Dort transportiert der Baum frisch produzierten süßen Saft aus der Krone in die unteren Teile des Baumes, bis hinab in die Wurzeln.

Unter dem Bast liegt die dünnste, empfindlichste, aber auch wichtigste Schicht: das Kambium. Es ist die Lebensgarantie für den Baum, weil es die einzige Schicht des Stammes ist, die zu Wachstum und Erneuerung fähig ist. Nach außen zur Borke gibt sie stetig neue Rindenzellen ab, aber auch nach innen Richtung Holz werden immer wieder neue Zellen hinzugefügt: So entsteht das Dickenwachstum des Baumes mit den Jahresringen. Das Kambium ist sehr nährstoffreich und daher

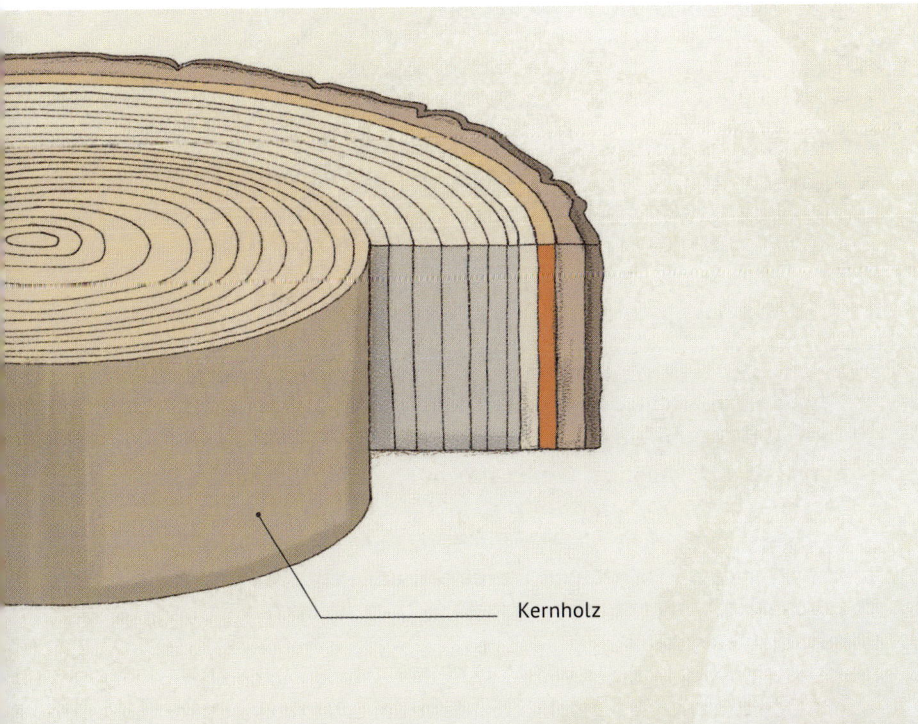

ein Leckerbissen etwa für Borkenkäfer-Kinder. Hat ein Schädling es jedoch erst einmal unter die Borke geschafft, wird es gefährlich, denn ist das Kambium ringsherum großflächig beschädigt, verliert der Baum die Möglichkeit, weiter zu wachsen – er stirbt.

Unter dem Kambium liegt das Splintholz. Es enthält das Xylem, ein Leitgewebe, das dem Transport von Wasser dient – also die Wasserleitungen des Baumes. Man kann sie oft sogar schon mit bloßem Auge erkennen, wenn man sich einen quer aufgeschnittenen Stamm anschaut – ein feiner Ring aus kleinen Poren. Diese Wasserleitungen kann man sich wie feine, durchgehende Röhrchen vorstellen, die sich von den Wurzeln durch die ganze Länge des Stammes bis in die Zweige erstrecken.

Im Inneren des Stammes liegt das Kernholz. Es ist inaktiv und nicht mehr an der Wasserleitung beteiligt. Mit zunehmendem Alter wird das Kernholz immer umfangreicher – die jeweils neu gebildeten Jahresringe bewirken, dass die ältesten Splintholzringe stillgelegt und zum Kernholz werden. Der Baum verstopft diese nicht mehr benötigten Zellen und verfüllt sie bei manchen Baumarten, wie etwa Eiche, Kiefer oder Lärche, mit pilzhemmenden Stoffen. Deshalb ist das Kernholz oft dunkler und je nach Baumart brauner oder rötlicher als die übrigen Schichten des Baumes. Das lässt sich sogar im verarbeiteten Zustand gut erkennen, etwa an Balken oder Möbeln.

Wie wächst ein Baum?

Wenn man bedenkt, dass das Kambium stetig neue, aktive Zellen Richtung Rinde und Richtung Splintholz abgibt, erklärt sich auch der ringartige Aufbau eines Baumes. Mit jedem Jahr nimmt er an Umfang zu – man spricht hier vom sogenannten Dickenwachstum. Diesen Prozess müssen Bäume lebenslang machen – wer nicht dicker wird, stirbt. Bei Palmen verhält es sich anders – hier bleibt der einmal angelegte Stamm im Durchmesser immer gleich. Deshalb werden sie auch nicht zu den Bäumen gezählt.

Das Wachstum können wir bei gefällten Bäumen an den Jahresringen ablesen. Bei dem noch kleinen, im Schatten langsam wachsenden Nachwuchs kann das allerdings bedeuten, dass man eine Lupe benötigt, um die Ringe ablesen zu können.

Die Jahresringe bestehen aus einem hellen und einem dunkleren Teil. Der helle Teil entsteht beim Wachstum im Frühjahr, weil die Zellen dann größer und luftreicher sind. Der dunklere Teil bildet sich im Sommer, wenn das Wachstum bereits verlangsamt ist und die Zellen kleiner sind. In einem Jahr entsteht also immer ein Ring, bestehend aus einem hellen und einem dunklen Teil.

Bäume überdauern uns Menschen um ein Vielfaches. Der älteste bekannte Baum der Welt ist eine unscheinbare Fichte in Nordschweden, deren Alter Wissenschaftler auf knapp zehntausend Jahre bestimmt haben. Bedenkt man, dass viele Waldbäume erst im Alter von 40–60 Jahren geschlechtsreif werden und mit der Samenbildung beginnen, liegt auf der Hand, dass das natürliche Baumalter weit über die Lebensdauer von forstlich genutzten Bäumen hinausgehen muss, die bereits im Alter zwischen 25 und 140 Jahren gefällt werden. Urwaldbäume, wie Buchen und Eichen, können viele Hundert Jahre alt werden. Bei den Offenland- und Pionierbaumarten ist die Altersspanne kürzer – diese Bäume wachsen im satten Sonnenlicht schneller und verausgaben sich dadurch früher. Birken werden zum Beispiel nicht viel mehr als 120 Jahre alt – und das auch nur, wenn die Standortbedingungen günstig sind.

Bezüglich des Baumwachstums gibt es neuere wissenschaftliche Erkenntnisse: Ein Schweizer Wissenschaftlerteam rund um Dr. Roman Zweifel hat herausgefunden, dass ein Baum pro Nacht einige Zehntelmillimeter an Radius zunehmen kann. Auf die Stunde gerechnet sind das etwa ein bis fünf Mikrometer Wachstum. Klagen also manche Kinder nachts über Wachstumsschmerzen in den Beinen – es ist nachgewiesen, dass Knochen vor allem nachts wachsen –, so geht es den Bäumen ähnlich. Anders als bislang angenommen, wachsen auch sie vor allem in den Nachtstunden, wenn es dunkel ist und der Baum keine Fotosynthese betreiben kann.[3]

Probier's aus:

Wenn du an einem gefällten Baumstamm vorbeikommst, kannst du das Alter des Baumes anhand der Ringe zählen. Zu einem Ring gehört immer ein heller und ein dunkler Teil. Am einfachsten ist es, wenn du einfach nur die hellen oder nur die dunklen Ringe zählst.

Die Wurzeln – das Gehirn des Baumes

Flachwurzler, Herzwurzler, Pfahlwurzler – Bäume scheinen schnell in Kategorien eingeteilt zu sein, wenn es um die Form und Größe des Wurzelraums geht. Viele Menschen haben die Fichte als klassischen »Flachwurzler« abgespeichert. Sieht man umgestürzte Fichten, die der Sturm erwischt hat, legt der klägliche Wurzelteller oft nahe, dass der unterirdische Teil des Baumes grundsätzlich bescheiden aussehen muss. Das liegt allerdings daran, dass die weit nach den Seiten ausstreichenden Ausläufer beim Umstürzen in ein bis zwei Meter Entfernung vom Stamm abreißen.

Dass sich die Wurzeln der Bäume in simple Kategorien einteilen lassen, ist ein Irrglaube. Zunächst einmal sind viele unterschiedliche Faktoren dafür verantwortlich, wie die Wurzeln eines Baumes aussehen. Stammt er vielleicht aus einer Baumschule und wurde im Jugendstadium im Wurzelraum beschnitten? Ein solcher Eingriff kann weitreichende Folgen haben und sich lebenslang auf die Fähigkeit des Baumes auswirken, tiefe Wurzeln auszubilden. Zum Flachwurzler werden Bäume also oft schon durch den Wurzelschnitt.

An welchem Standort wird er angepflanzt? Ist er überhaupt heimisch?

Die Universität Wageningen stellt online einen Wurzelatlas zur Einsicht zur Verfügung. Ein Blick auf unterschiedliche Baumarten lässt hier schnell einige Gemeinsamkeiten erkennen: Die meisten Bäume wurzeln in unseren Breiten nicht tiefer als ein bis zwei Meter. In der Breite sieht das Ganze jedoch schon anders aus: Hält sich in vielen Köpfen noch immer das Bild vom Wurzelraum, der in seiner Größe der Krone des Baumes entspricht, so ist es in der Realität oft das Doppelte des Kronendurchmessers, in vielen Fällen sogar deutlich mehr.[4]

Probier's aus:

Stell dich beim nächsten Waldspaziergang einmal unter einen gut zugänglichen Waldbaum und wirf einen Blick in die Krone: Wie weit dehnt sie sich aus? Wo begegnet sie den Nachbarbäumen?

Dann gehe direkt vom Fuß des Stammes aus zum äußersten Rand der Krone und zähle währenddessen deine Schritte. Wenn du am Rand der Krone angekommen bist, gehe die gleiche Anzahl Schritte in dieselbe Richtung weiter. Nun hast du einen ungefähren Anhaltspunkt, wie weit die Wurzeln des Baumes mindestens reichen. Dann wird auch schnell klar, warum in einem natürlichen Wald Bäume einer Art im Wurzelraum miteinander vernetzt sind. Das ist übrigens ein Experiment, das wir mit unseren lieben Gästen im Rahmen einer »Wanderung zum geheimen Leben der Bäume« häufig ausprobieren, und es löst immer großes Erstaunen und Begeisterung aus!

Die Wurzeln des Baumes sind jedoch nicht nur dafür zuständig, den Baum an seinem Standort im Boden zu verankern. Sie sind ebenfalls entscheidend für die Fähigkeit des Baumes, Wasser und Nährstoffe aufzunehmen und sich mit den Artgenossen und Familienmitgliedern im Wald zu vernetzen. Die Wurzeln, die vom Stamm aus in den Boden reichen, können so dick wie Äste werden, weil auch sie Jahresringe bilden. Genau wie die Krone des Baumes – und hier stimmt die Parallele – verzweigen sie sich nach außen hin immer weiter, bis am Rand des Wurzelraums nur noch feine Haarwurzeln zu finden sind. Diese tasten sich langsam und beständig durch das dunkle Erdreich und erforschen die Umgebung. Sind hier ausreichend Platz und Luft zum Wachsen verfügbar? Gibt es Feuchtigkeit und Nährstoffe? Oder ist etwas im Weg, was der Baum meiden sollte?

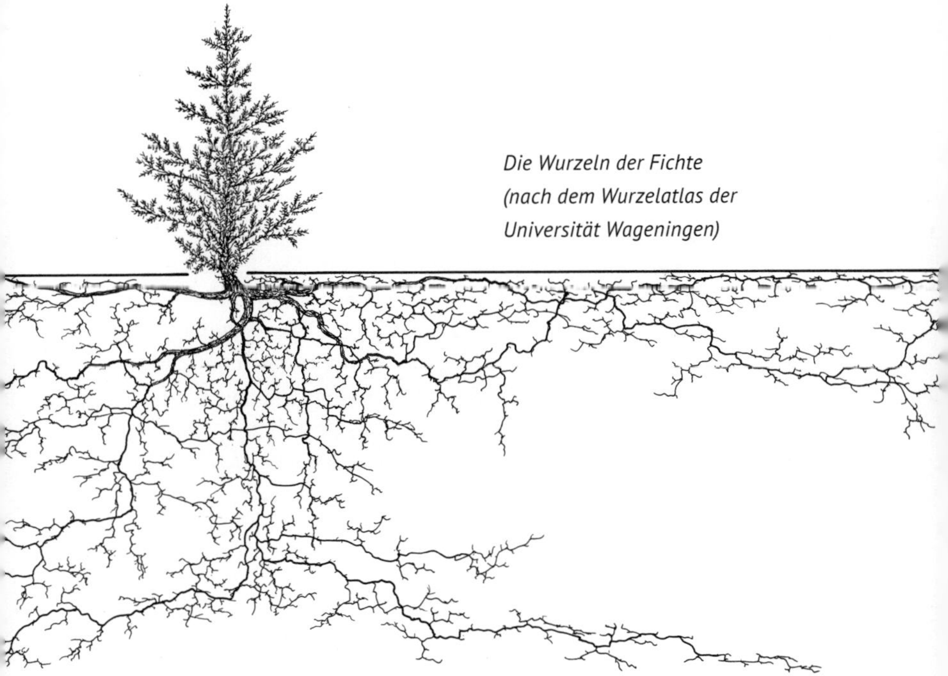

Die Wurzeln der Fichte (nach dem Wurzelatlas der Universität Wageningen)

Wenn Bäume in eine neue Richtung wachsen: Fico al contrario

Im Gegensatz zu Tieren und Menschen können Bäume bis zu ihrem letzten Tag ihre Form verändern. Wir Menschen sind irgendwann ausgewachsen und werden im Laufe unseres Lebens nur noch etwas dicker oder dünner. Ein Baum kann jedoch bis zu seinem Tod immer wieder neue Körperteile bilden, sollte es notwendig sein. So sind Bäume in der Lage, in plötzlich entstandene Lichtlücken hineinzuwachsen, also völlig neue Äste zu bilden und Teilen ihrer Krone eine ganz neue Form zu geben. Es kann passieren, dass ein Baum, der auf einem Tunnel wurzelt und dessen Wurzeln irgendwann das Mauerwerk durchdrungen haben, dort unten wieder grüne Blätter bildet, wo die Wurzeln an Licht und Luft gelangen. Das ist absolut sinnvoll – schließlich können Wurzeln, auf der anderen Seite des Mauerwerks in der Luft hängend, ihre normale Funktion nicht mehr erfüllen.

Stehen Bäume auf dem Kopf?

Bei einem Waldspaziergang sehen wir nur einen Teil der dort existierenden Lebewesen. Stamm und Krone eines Baumes sind in ihrer Ausdehnung häufig kleiner als der Wurzelraum. Ein Baum kann unter Umständen ohne Krone und Stamm weiterleben, wenn er von seinen Artgenossen über Wurzelverwachsungen versorgt wird. Ohne Verbindung zu den Wurzeln würde er jedoch innerhalb kurzer Zeit sterben.
Wir können uns also vorstellen, dass die entscheidenden Körperteile des Baumes im Erdreich stecken – hier werden die Nährstoffe aufgenommen und die Kommunikation mit den Nachbarbäumen abgewickelt. Das, was wir als »Baum« oberirdisch sehen, ist im Wesentlichen ein Ständer für die grünen »Solarzellen«, die möglichst günstig in Richtung Sonne positioniert werden müssen, damit der Baum sich ernähren kann.

Inzwischen vermuten Wissenschaftler, dass in den Wurzeln die Kommandozentrale des Baumes steckt. František Baluška von der Universität Bonn und Stefano Mancuso von der Universität Florenz haben gehirnähnliche Funktionen in den Zellen von Pflanzenwurzeln entdeckt. In den Wurzelspitzen werden Informationen über die Umgebung im Erdreich registriert und verarbeitet. Anschließend erfolgt eine Weiterleitung in die Region hinter der Wurzelspitze und dort an die Wachstumszonen. Auf diese Weise kann die Wurzel innerhalb weniger Stunden ihre Wuchsrichtung verändern.[5]

Diese Arbeitsweise ist der Funktionsweise eines Gehirns in der Tierwelt sehr ähnlich. Dennoch werden Begriffe wie »Gehirn« oder »Neurobiologie der Pflanzen« in der Wissenschaft kritisch diskutiert. Die Pflanzenforschung steht in diesen Fragen bisher noch relativ am Anfang.

Wie ernähren sich Bäume?

Als imposante Vertreter des Pflanzenreichs sind Bäume in der Lage, den Löwenanteil ihrer Nahrung selbst herzustellen – ein Vorteil, der sie klar vom Tierreich und den Pilzen unterscheidet. Die Kraftwerke der Bäume befinden sich in den Blättern – hier wird der überlebensnotwendige Zucker produziert, den der Baum braucht, um sich zu ernähren.

Betrachten wir den Aufbau eines Laubblattes, so können wir hier unterschiedliche Schichten feststellen.

Die oberste Schicht des Blattes ist wie eine schützende Haut, die verhindert, dass das Blatt austrocknet – man kann sie bei einem fertig entwickelten Blatt an der wachsartigen Oberfläche erfühlen. Die darunter liegenden Zellen haben eine elliptische Form – man spricht hier vom Palisadengewebe – und enthalten die meisten Chloroplasten. Chloroplasten sehen unter dem Mikroskop wie kleine grüne Kügelchen aus – in diesen Kügelchen findet die Fotosynthese statt. Das Palisadengewebe bündelt das Sonnenlicht, das als Energie in den Chloroplasten benötigt wird. In den unteren Blattschichten befindet sich das Schwammgewebe – dort findet der Gasaustausch statt. Zusätzlich haben Blätter an der Unterseite Spaltöffnungen, mit denen sie den Stoffaustausch regulieren. Mit dem bloßen Auge sind sie nicht sichtbar, unter dem Mikroskop jedoch sehen sie aus wie kleine Münder, die der Baum aktiv öffnen und schließen kann, um CO_2 einzuatmen und Sauerstoff auszuatmen.

Querschnitt eines Laubblattes

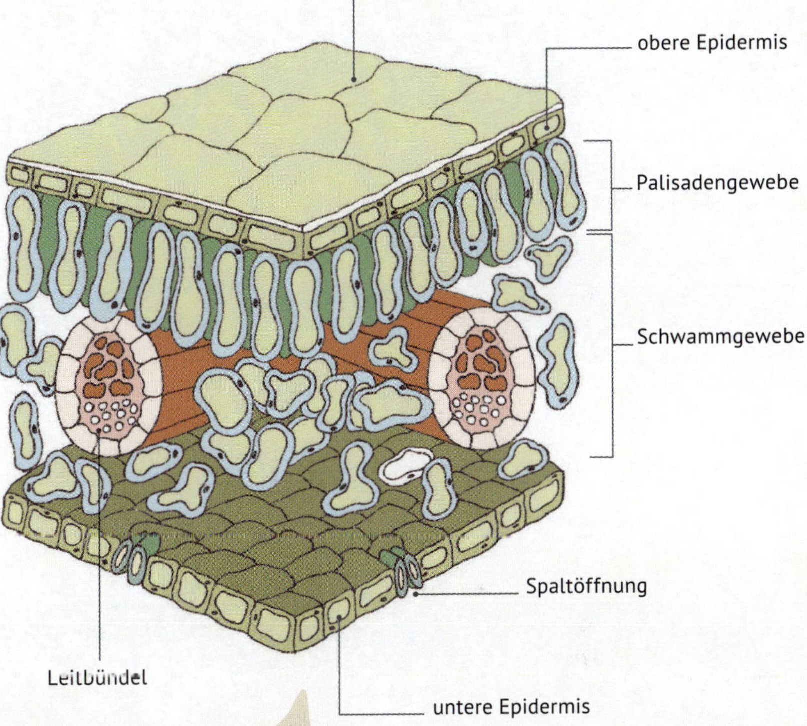

Wie atmet ein Baum?

Über seine Spaltöffnungen kann der Baum CO_2 einatmen und Sauerstoff ausatmen. Nachts, wenn kein Sonnenlicht zur Verfügung steht, schließt der Baum die vielen kleinen Münder.
Im Winter hingegen produziert der Baum nichts, sondern verbraucht bei seinen Stoffwechselvorgängen den eingespeicherten Zucker und veratmet dafür, genau wie wir Menschen, Sauerstoff. Deshalb geben schlafende Bäume zu dieser Jahreszeit nur CO_2 an die Umgebungsluft ab.

Spaltöffnungen auf der Unterseite der Blätter

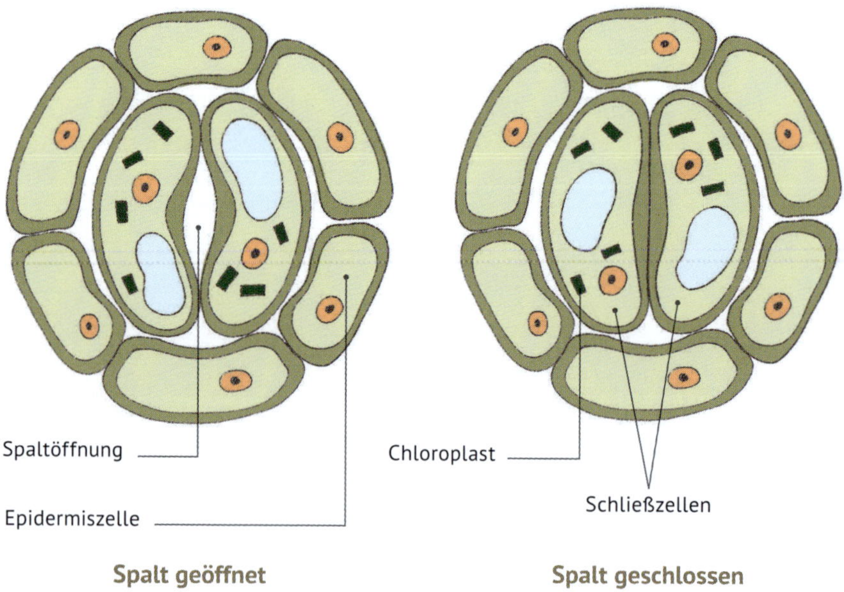

Die Fotosynthese an sich ist ein chemisch komplexer Vorgang. Vereinfacht können wir uns die Chloroplasten wie eine kleine Fabrik vorstellen. Der Baum kann Fotosynthese nur betreiben, wenn er ausreichend Wasser getrunken hat. Zusätzlich atmet der Baum CO_2 aus der Umgebungsluft über die Spaltöffnungen ein. Um aus diesen beiden Zutaten Zucker herstellen zu können, wird viel Energie benötigt – hier kommt nun das Sonnenlicht ins Spiel: In den Chloroplasten wird die geballte Sonnenenergie umgewandelt und dient als Energielieferant, damit der Baum Wasser und CO_2 chemisch auseinandernehmen und zu etwas völlig Neuem zusammensetzen kann: dem Zucker. Bei diesem Prozess bleibt ein Abfallprodukt übrig, das der Baum nicht gebrauchen kann und über die Spaltöffnungen ausatmet: der Sauerstoff.

Der frisch produzierte Zucker wird von den Blattzellen über die Leitbündel des Baumes in die Zweige, Äste, den Stamm und die Wurzeln transportiert. Der Baum benötigt ihn zur Herstellung von Stärke, die wiederum die Energie liefert, um Fette und Ei-

weiße herzustellen. Die Blätter sind nur vorübergehender Aufenthaltsort für die Stärke. Sie wird in der Regel in den im Erdreich geschützten Wurzeln gespeichert, um für die Zeiten zur Verfügung zu stehen, in denen der Baum keine Fotosynthese betreiben kann, also nachts und im Winter.

Lebt ein Baum nur von Zucker?

Der Zucker, den der Baum produziert, ist ein wesentlicher Bestandteil seiner Ernährung. Doch Zucker allein reicht nicht – um zu überleben, braucht der Baum noch andere Nährstoffe und Mineralien, wie beispielsweise Stickstoff und Phosphor, die er über die Wurzeln aufnimmt und über die Wasserleitungen nach oben in Stamm und Krone transportiert.

Vereinfachte Darstellung der Fotosynthesevorgänge am Blatt

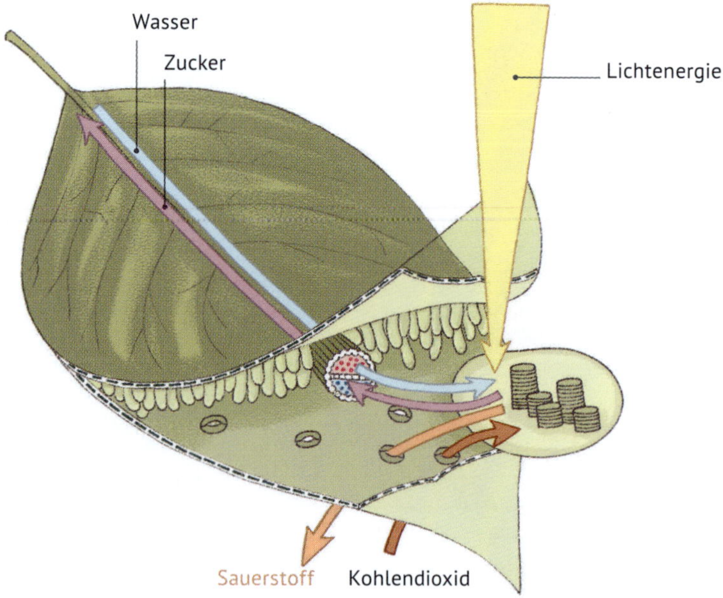

Wenn wir uns vor Augen halten, dass ein Baum für die Zuckerproduktion auf Wasser, Luft und Sonnenlicht angewiesen ist, wird auch klar, warum ein sehr trockener Sommer für die Bäume so viel Stress bedeuten kann: Sie haben zwar sehr viel Sonnenenergie zur Verfügung, doch wenn die Komponente Wasser knapp wird, kann der Baum keine Fotosynthese betreiben. Das führt oft dazu, dass die Bäume dann die Regenfälle im Spätsommer und Herbst ausnutzen müssen, um ihren Zuckervorrat für den Winter aufzufüllen. Doch das birgt ein Risiko: Schließlich muss sich der Baum in dieser Zeit eigentlich schon vor dem nahenden Frost schützen, indem er rechtzeitig den Prozess des Laubabwurfs einläutet. Von außen betrachtet sehen wir jedoch meistens nur eines: Die Herbstfärbung der Bäume findet später statt als in Jahren mit nicht so trockenen Sommern.

Wie trinken Bäume?

Wir haben den Prozess der Zuckerherstellung von den Blättern bis zur Stärkeeinspeicherung in den Wurzeln verfolgt und festgehalten, dass der Baum für die Fotosynthese Wasser benötigt, das er mit den Wurzeln aus dem umgebenden Erdreich aufsaugt. Wie der Baum diese großen Mengen Wasser (eine ausgewachsene Buche kann an einem heißen Sommertag bis zu 500 Liter verbrauchen)[6] von den Wurzeln in die Blätter pumpt, um sie dort für die Fotosynthese zur Verfügung zu stellen, ist jedoch nach wie vor ein ungeklärtes Phänomen. Zieht man Schulbücher oder das Internet zu Rate, findet man hier scheinbar schnelle Erklärungen, die häufig aus einer Kombination aus den Prozessen Osmose, Kapillarität und Transpirationskraft bestehen.

Osmose werden die meisten aus dem Biologieunterricht kennen: Zwei benachbarte Zellen sind durch eine Membran getrennt. Liegt in einer Zelle eine höhere Zuckerkonzentration vor als in der anderen, dann diffundiert Flüssigkeit durch die Membran, um die Konzentration wieder auszugleichen. Wenn wir jedoch einen Blick auf die Wasserleitungen des Baumes werfen, stellen wir fest, dass wir kleine, durchgehende Röhrchen vor uns haben.

Rätselhafter Wassertransport

Obwohl es in den Schulbüchern anders dargestellt wird, ist der Wassertransport im Baum bisher nicht komplett erforscht. Die Erklärung passt meistens nur dann, wenn der Baum voll entwickelte Blätter hat. Doch wie erklärt sich der hohe Wasserdruck im zeitigen Frühjahr, wenn eine Transpiration gar nicht stattfinden kann, weil die Laubbäume noch gar nicht ausgetrieben sind?

Osmose kann folglich gar nicht stattfinden, da hier keine Membranen vorhanden sind, die dies ermöglichen würden.

Auch die Kapillarkraft kommt als Erklärung für den Wassertransport schnell an ihre Grenzen: Es handelt sich dabei um ein physikalisches Phänomen, das Flüssigkeiten in einer dünnen Röhre nach oben steigen lässt. Beobachten kann man dieses Phänomen im Strohhalm, wenn wir ihn in ein Wasserglas stellen. Je dünner die Röhre ist, desto höher steigt die Wassersäule.

Diese Kraft reicht jedoch selbst in den allerdünnsten Leitbahnen der Bäume nur in wenige Meter Höhe – dann ist Schluss. Da Bäume jedoch über 115 Meter hoch werden können, lässt sich der Wassertransport nach oben damit leider nicht erklären.

Ähnliches gilt für die Transpirationskraft: Die Theorie sagt, dass Bäume Wasser über die Blätter verdunsten und dadurch ein Unterdruck entsteht, der automatisch Wasser von unten nachzieht. Der höchste Wasserdruck im Stamm herrscht jedoch im zeitigen Frühjahr vor dem Laubaustrieb, wenn die Knospen kurz davor sind, sich zu öffnen und die Blätter zu entrollen. Hier ist also noch kein einziges Blatt in der Krone, das Wasser verdunsten und damit »ansaugen« könnte.

Wir können festhalten, dass es irgendeine Form der Pumpfunktion im Baum geben muss – wie der Prozess genau funktioniert, muss jedoch erst noch geklärt werden.

Probier's aus:

Wenn du ein Stück von einem Birkenstämmchen zur Verfügung hast, kannst du zu den Wasserleitungen des Baumes ein einfaches Experiment durchführen: Schmiere etwas Seife oder Spülmittel auf die eine Seite des Stämmchens und puste dann am anderen Ende mit viel Kraft hinein. Da der Luftstrom ungehindert durch die Wasserleitungen strömt, kannst du auf diese Weise Schaumblasen erzeugen und die Wasserleitungen dadurch sichtbar werden lassen!

Abwehrstrategien und Todesursachen

Bäume sterben in der Regel langsam, wenn sie nicht von einer Orkanböe abrupt umgeworfen werden oder abbrechen. Selbst in diesem Fall kann es zuweilen noch Jahre dauern, bis der Baum wirklich kein einziges grünes Blatt mehr produziert – denn manchmal reißen die Wurzeln nicht komplett ab und sind auf der Seite, zu der der Stamm gefallen ist, noch mit dem Boden verbunden. Der Baum versucht, sich mit diesem Restsystem am Leben zu erhalten. Bricht die Krone ab, so bildet sich oft eine Ersatzkrone aus neu austreibenden Zweigen. Das dauert Jahre und ist nicht immer von Erfolg gekrönt.

In der Regel stirbt ein Waldbaum jedoch an einer Pilzinfektion. Pilzsporen sind überall in der Atemluft vorhanden und können sich innerhalb weniger Minuten auf eine offene Wunde setzen. Und eine solche Wunde kann leicht entstehen: Vielleicht fliegt ein baulustiger Schwarzspecht vorbei und hackt ein Loch in den Stamm. Dazu nutzt er sogar gezielt Pilze als Helfer, denn die begonnene Baustelle lässt der Vogel oft lange unbearbeitet. Die Pilze zersetzen das Holz am geplanten Eingang und machen es dadurch weicher und leichter bearbeitbar.

Es kann aber auch ein Ast sein, der abbricht und dem Pilz das Eindringen in den Stamm ermöglicht. Wir Menschen sägen ebenfalls gerne an Bäume herum, um sie zu beschneiden. In jedem Fall beginnt jetzt ein Wettrennen: Der Pilz versucht, schneller zu sein als der Baum und sich zielstrebig ins Holz hineinzufressen. Das feine Röhrensystem im Holz ist für die mikroskopisch feinen Pilzfäden wie eine breitspurige Autobahn, die es ihnen erleichtert, in das Bauminnere vorzudringen. Genau dies versucht der Baum zu verhindern, indem er das befallene Gewebe abschottet und die Wunde schließt – allerdings so langsam, dass es Jahre dauern kann, bis der Stamm wieder verschlossen ist. Eine gesunde Fichte verfügt noch über eine weitere Waffe: Sie pumpt eine Ladung Harz in die offene Stelle, um den Eindringling abzuwehren.

Gewinnt der Pilz jedoch das Rennen und kommt im stillgelegten Kernholz an, ist der Baum machtlos: Hier kann er nicht mehr aktiv reagieren, und nun beginnt ein manchmal jahrzehntelanger Zersetzungsprozess.

Doch selbst wenn der Baum gegen den Pilz verliert, so bedeutet das nicht, dass er sofort dem Tod geweiht ist. Es gibt Bäume, die mehrere Hundert Jahre alt werden können, obwohl sie von innen allmählich verfaulen. Solange die äußeren Schichten des Baumes sowohl tragfähig und stabil als auch imstande sind, lebensnotwendige Stoffe nach oben und unten zu transportieren, kann sich der Prozess sehr lange hinziehen. Gerade für uralte Bäume kann das allerdings sogar vorteilhaft sein. Sie stehen schließlich schon lange am selben Ort, haben die Nährstoffe des Bodens aufgebraucht und müssen dennoch weiterwachsen, um zu leben. Die innere Kompostierung durch Pilze gibt die im Kernholz gebundenen Nährstoffe wieder frei, und dann passiert das Wunder: Im Stamm bilden sich neue Wurzeln und senken sich in die weiche braune Masse hinab. Der Baum recycelt sich also selbst.

In vielen Fällen ist eine Infektion eines Baumes mit zahlreichen Begleiterscheinungen verbunden, man spricht dann auch von »Komplexkrankheiten«[7]. Ein Baum, der nicht mehr ganz fit ist, ist natürlich auch anfälliger für andere Schädlinge oder für Viren- und Bakterieninfektionen, die über offene Wunden oder saugende Insekten übertragen werden.

Bis ein Baum endgültig stirbt, kann weit mehr als ein Menschenleben vergehen.

Die Absterbephase ist für Tausende von Insekten- und Pilzarten wichtig, denn sie leben vom sich zersetzenden Baum.

Abb. nächste Doppelseite:
Baumstamm mit Pilzfruchtkörpern: Findest du an einem lebenden Baum Pilzfruchtkörper, die aus dem Stamm wachsen, ist der Baum wahrscheinlich dem Tode geweiht: Der Pilz durchzieht mit seinen feinen Fäden bereits den Baumstamm und fühlt sich so wohl, dass er in der Lage ist, Fruchtkörper zu bilden.

Kapitel 2

BÄUME AUF DER WIESE UND IM GARTEN

Während unsere häufigste Laubbaumart, die Buche, sich in der Gesellschaft von Familienmitgliedern besonders wohlfühlt, sind andere Baumarten deutlich unabhängiger von familiären Banden und lieben offene Wiesen und Lichtungen. In diesem Kapitel erfährst du mehr über reiselustige Bäume und unangenehme Nachbarn.

Pionierbaumarten

Nicht alle Bäume fühlen sich im dichten, dunklen Wald, umgeben von lauter Baumnachbarn, wohl. Jede Baumart hat ihre eigenen Vorlieben. So gibt es unter den Bäumen auch solche, die die offene Landschaft bevorzugen. Viele dieser Arten sind richtige Entdecker, die die Welt erkunden und einen Platz für sich erobern möchten.

Dabei spielt es keine Rolle, ob es sich um eine Wiese, ein Feld, einen Platz am Waldrand oder auch nur eine Fuge zwischen Pflastersteinen, einem Bahngleis (sogar befahrene Bahngleise werden bewachsen) oder um eine Mauerritze handelt. Diesen Eroberern ist kein Platz zu ungemütlich, solange sie die Ersten sind. Daher spricht man auch von Pionierbaumarten. Hierzu zählen etwa Birken, Pappeln, aber auch Weiden und Vogelbeeren.

Um herauszufinden, wer eher zu diesen Einzelgängern gehört und wer dagegen ein Familien-, also Waldbaum ist, lohnt sich ein Blick auf die Größe und das Gewicht des Baumsamens. Die Samen von Birke, Pappel und Co. sind ganz leicht und können vom Wind über große Distanzen getragen werden. Der Nachwuchs dieser Bäume schwärmt also sofort aus, um neue Orte zu entdecken und sich von den Eltern loszureißen. Umgekehrt wollen die Eltern offenbar nicht allzu viel mit ihren Sprösslingen zu tun haben.

Die Waldbäume hingegen mit ihren schweren Samen wie Bucheckern und Eicheln bewegen sich nicht weit von ihren Eltern fort und bevorzugen ein Leben im Kreise der Familie.

Das Leben der Pionierbäume ist, im Gegensatz zum Leben der Waldbäume, auch nicht gerade entschleunigt. Sie wollen ihren neuen Ort in möglichst kurzer Zeit erobern. Dabei verausgaben sie sich regelrecht und werden deshalb auch nicht so alt wie die Kollegen im Wald. Viele Pioniere haben bereits mit weniger als 200 Jahren ihr Lebensziel erreicht und überlassen anschließend die Bühne den Waldbäumen. Immer wieder mischen sich einzelne Buchen oder Eichen über die Jahre unter die Entdecker und beginnen so, im Schatten der Vorreiter den Wald von morgen zu bilden. Zumindest würden sie das tun, wenn der Mensch nicht immer wieder eingreifen würde.

Quiz

Wie weit können Pappelsamen fliegen?

Die richtige Antwort findest du am Ende des Buches auf Seite 308.

Die Zitterpappel

Der Name ist Programm, denn bei der Zitterpappel, auch Espe/Aspe genannt, reicht bereits der leichteste Windhauch aus, um die Blätter zittern zu lassen. Das Sprichwort »Zittern wie Espenlaub« kommt eben nicht von ungefähr. Allerdings macht die Pappel das nicht, weil ihr kalt ist oder weil sie Angst hat. Es ist vielmehr ihre Strategie, sich als Einzelgängerin gegenüber anderen Bäumen in der offenen Landschaft zu behaupten. Momentan kursieren zwei Theorien als Erklärung für das Zittern: Die eine besagt, dass Pappeln durch das ständige Wackeln sowohl mit der Blattober- als auch mit der Blattunterseite das Sonnenlicht einfangen und dadurch mehr Zucker produzieren können als andere Bäume.[8] Mehr Zucker bedeutet gleichzeitig auch schnelleres Wachstum, sodass die Pappel die lästige Konkurrenz einfach überwächst und sich den besten Platz an der Sonne sichern kann.

Es gibt allerdings auch die Theorie, dass Pappeln durch das Zittern versuchen, Feuchtigkeit auf den Blättern loszuwerden, damit Pilze sich auf ihnen gar nicht erst wohlfühlen. Aus dem Garten kennen wir diesen pelzigen weißen Belag, der gerne die Blätter unseres Gemüses überzieht, der sogenannte Mehltau, für den unterschiedlichste Pilze verantwortlich sind. Mit so einem weißen Deckchen auf den Blättern lässt sich das Sonnenlicht für die Produktion von Zucker schlechter einfangen, und der Baum kann nicht so schnell in die Höhe schießen. Bei nassem Frühlingswetter breitet sich Mehltau rasch aus, sodass die Zitterpappel mit ihrer Schütteltechnik im Vorteil sein könnte – ihre Blätter sind schneller wieder trocken als die der Konkurrenz.

Die Zitterpappel zeigt uns zudem sehr eindrücklich, wie weit sich manche Baumarten unterirdisch ausbreiten können. Pappeln haben die Eigenschaft, Wurzelausläufer zu bilden, die oft, wie auf einer Perlenschnur aufgereiht, aus dem Boden rund um die Pappel sprießen. Diese Schösslinge sind unterirdisch mit dem ursprünglichen Baum verbunden und genetisch komplett mit ihm identisch, also quasi weitere Sprosse zur Erzeugung von Zucker. Im Fishlake National Forest in Utah wächst eine Zitterpappel namens Pando, was vom Lateinischen abgeleitet ist und so viel bedeutet wie »ich breite mich aus«. Und genau das macht diese Pappel. Unterirdisch hat sich Pando mit seinen Wurzelausläufern über eine Fläche von rund 43 Hektar ausgebreitet und bildet einen ganzen Wald mit sich selbst, denn es handelt sich um ein einziges, riesiges Lebewesen. Die einzelnen Stämme, die aus den Wurzelausläufern heranwachsen, versorgen sich über die Blätter mit Zucker und können daher selbst dann noch weiterleben, wenn der ursprüngliche Baum stirbt.

Probier's aus:

Im Mai kannst du die kleinen, flaumartigen Samen der Pappel bewundern. Diese leichten Flugkünstler überziehen dann die Landschaft und sehen aus wie Schnee. Schau doch einmal, ob du in deiner Umgebung diesen Pappelschnee finden kannst. Vielleicht entdeckst du dabei auch irgendwann eine Pappel, die es schneien lässt. Sieh dich auch auf dem Boden rund um ihren Stamm um. Kannst du kleine Schösslinge entdecken, die aus dem Boden sprießen und vermutlich mit der großen Pappel unterirdisch verbunden sind?

Die Birke

Mit ihrer strahlend weißen Rinde ist die Birke bestens auf die unwirtlichen Verhältnisse der offenen Landschaft angepasst. Da die Baumrinde mit unserer Haut vergleichbar ist, können auch Bäume Sonnenbrand bekommen, wenn sie den erbarmungslosen Strahlen den ganzen Tag schutzlos ausgeliefert sind. Einen Sonnenbrand bei Bäumen kann man daran erkennen, dass die Rinde an der sonnenzugewandten Seite aufgeplatzt ist.

Die Birke hat allerdings gegen Schäden durch die UV-Strahlung mit ihrer weißen Rinde vorgesorgt, die hervorragend das Sonnenlicht reflektiert und sie somit vor Sonnenbrand schützt.[9] Dieser Schutz funktioniert ähnlich wie bei uns eine dicke Schicht Sonnencreme.

Neueste Forschungen schreiben der weißen Rinde aber noch einen zusätzlichen Nutzen zu: Sie könnte als Abschreckung für Säugetiere, wie beispielsweise Hirsche, dienen.[10] Das heißt, die weiße Rinde funktioniert ähnlich wie die schwarz-gelbe Färbung bei Wespen und Bienen. Verantwortlich für die Färbung ist übrigens der Stoff Betulin – dieser kann für Pflanzenfresser giftig sein.

Aufdringlichen Baumnachbarn macht die Hängebirke das Leben schwer. Die dünnen, flexiblen Äste wirken im Wind wie unzählige Peitschen, die bei Nachbarbäumen durch die ständigen Hiebe zu fiesen Verletzungen an Rinde, Ästen oder Blättern führen können. Zudem sind sie mit Korkwarzen besetzt, die wie Schmirgelpapier wirken und die Äste der Nachbarbäume regelrecht durchscheuern können.

Einhäusige und zweihäusige Bäume

Sind Bäume eigentlich weiblich, männlich oder sogar beides? In der Natur lässt sich tatsächlich alles finden. Es gibt Bäume, bei denen sowohl männliche als auch weibliche Blüten am selben Baum wachsen. Man könnte auch sagen, dass Mann und Frau zusammen unter einem Dach leben. Daher spricht man in diesem Fall auch von »einhäusig«. Klassischerweise sind Waldbäume wie die Rotbuche, die Eiche, die Hainbuche, aber auch Birken einhäusig. Bei anderen Arten wachsen auf einem Baum nur männliche oder nur weibliche Blüten. Da Mann und Frau in zwei Häusern leben, spricht man hier von zweihäusigen Bäumen. Hierzu gehören Baumarten wie Pappeln und Weiden. Vielleicht ist dir im Frühjahr schon einmal aufgefallen, dass die Kätzchen mancher Weiden groß und leuchtend gelb sind, während andere Weiden eher kleine grünliche Kätzchen tragen? Dann bist du männlichen und weiblichen Weiden begegnet. Häufig ist es bei den zweihäusigen Baumarten so, dass die Männer auffälliger blühen, im Falle der Weide strahlend gelb, während die Frauen etwas zurückhaltender sind. Für die Bestäubung ist das durchaus sinnvoll. Es erhöht nämlich die Chance, dass die Insekten zuerst die auffälligen männlichen Blüten besuchen und dort den Pollen einsammeln, um ihn anschließend bei den weiblichen Blüten abzuladen, damit es zur Befruchtung kommt.

Überlebensstrategien von Apfel- und Walnussbaum

Auch die meisten Obstbäume verbringen ihr Leben lieber als Einzelgänger. Viele dieser Baumarten haben daher vorbeugende Strategien entwickelt, damit kein anderer Baum Annäherungsversuche starten kann.

Wer sich unterhalb eines Walnussbaums einmal umschaut, wird feststellen, dass die Pflanzenwelt dort häufig nicht besonders üppig ist. Die Antwort hierfür liegt in den Blättern des Walnussbaums verborgen: Fallen diese zu Boden und werden von der Schar der Bodenlebewesen aufgefuttert, wird ein Stoff freigesetzt, der andere Pflanzen am Wachsen hindert, sobald sie ihn mit ihren Wurzeln aufnehmen.

Der Apfelbaum geht mit seiner Strategie sogar noch weiter und sorgt dafür, dass andere Apfelbäume, sogar der eigene Nachwuchs, es sich in seiner Nähe nicht gemütlich machen. Über seine Wurzeln pumpt er direkt Stoffe in den Boden, die andere Apfelbäume am Keimen hindern. Sich selbst schützt er gegen die Giftattacke, indem er zunächst eine ungiftige Vorstufe in den Boden abgibt, deren Gift erst aktiviert wird, wenn die Bodenbewohner sich durchfuttern. Auch viele Jahre nachdem ein Apfelbaum abgestorben ist, wächst daher an derselben Stelle häufig kein anderer Apfelbaum mehr.[11]

Kapitel 3

HERAUSFORDERUNGEN DES LEBENS

Unsere Landschaft ist zum großen Teil fein säuberlich in verschiedene Abschnitte eingeteilt. Hier eine Wohnsiedlung, da ein weites Feld, das landwirtschaftlich genutzt wird, und daneben ein angrenzendes Waldstückchen. Solche Zerstückelungen kennt die ursprüngliche Natur nicht, denn ohne menschlichen Einfluss gäbe es nur einen einzigen großen Wald, der von Wasserflächen, Hochgebirgen oder Mooren unterbrochen wäre.[12] *Waldränder in dem Ausmaß, wie wir sie heute haben, sind ein Resultat menschlicher Eingriffe und für richtige Waldbäume insbesondere im Klimawandel eine echte Herausforderung.*

Strategien bei Trockenheit

Bäume sind ein Leben lang an Ort und Stelle gebunden und können sich nicht einfach ein neues Zuhause suchen, wenn es im alten ungemütlich wird. Dennoch sind sie äußeren Einflüssen, wie zum Beispiel großer Trockenheit, nicht schutzlos ausgeliefert, sondern haben Strategien entwickelt, wie sie damit umgehen können.

Am Waldrand, wo sich die Verhältnisse doch sehr von denen im Inneren des Waldes unterscheiden, haben wir häufig die Möglichkeit, Zeuge dieser Strategien zu werden.

Wenn die Wurzeln im Boden nur noch wenig Wasser aufspüren können, bringen sie das Krisenmanagement in Gang. Über Hormone (sog. Phytohormone) melden sie den Wasserengpass an die Blätter, die daraufhin ihre unzähligen Münder, also die Spaltöffnungen, auf der Blattunterseite verschließen, um weniger Wasser zu verdunsten.[13] Währt die Trockenheit länger und geben die Wurzeln weiterhin keine Entwarnung, beginnen Laubbäume damit, ihre Blätter abzuwerfen, um die Verdunstungsfläche zu verringern. Dabei starten sie mit den obersten Blättern der Krone und arbeiten sich dann immer weiter nach unten vor, je länger die Trockenheit andauert. So kommt es zu den Bildern, die wir während der trocken-heißen Sommer seit 2018 deutschlandweit beobachten konnten: Laubbäume, die mitten im Sommer schon nach Herbst aussehen.

Was auf den ersten Blick erschreckend wirkt, kann den Bäumen jedoch helfen, diese harten Zeiten zu überstehen.

Bäume können diesen Prozess aktiv steuern und daher das Abwerfen der Blätter jederzeit einstellen, wenn es endlich regnet und die Wurzeln wieder Wasser finden können.

Weniger Blätter bedeuten gleichzeitig aber auch, dass weniger Zucker produziert werden kann, sodass immer auch eine Portion Glück dazugehört, über den anstehenden Winter zu kommen. Viele Bäume fahren mit dieser Strategie jedoch gut und überstehen in der Regel derartige Durststrecken. Vor allem mithilfe der Baumkollegen im Wald lassen sich solche harten Zeiten viel leichter meistern – aber dazu später mehr.

Da die Bäume am Waldrand dazu gezwungen werden, ein Dasein als Einzelgänger zu fristen, ob sie wollen oder nicht, kann es für den einen oder anderen zum Überschreiten seiner Belastungsgrenze kommen. Gerade an solchen Standorten sieht man daher besonders häufig schwächelnde oder gar absterbende Bäume.

An dieser Stelle sei gesagt, dass für unsere heimischen Bäume die Sommerniederschläge gar nicht so entscheidend sind. Eine Studie aus der Schweiz hat an 180 Standorten untersucht, aus welchen Niederschlägen das im Sommer verbrauchte Wasser stammt. Mit einem spannenden Ergebnis: Buchen und Eichen nutzen fast ausschließlich Winterniederschläge, während ihre benadelten Kolleginnen, die Fichten, mehr auf Sommerniederschläge angewiesen sind.[14]

Lerneffekt und Epigenetik

Wenn die Bäume nach derartig harten Zeiten im nächsten Frühjahr erwachen und noch einmal mit einem blauen Auge davongekommen sind, haben sie einiges dazugelernt. Die bittere Erfahrung des Durstes hat ihre Spuren hinterlassen und führt bei Bäumen zu einer Verhaltensänderung in Sachen Wasserhaushalt. Zum einen haben die Bäume gelernt, mit weniger Wasser zurechtzukommen, sodass sie nicht mehr 500 Liter pro Tag verbrauchen, um unbeschadet durchs Leben zu gehen. Zum anderen werden die Bäume aber auch zukünftig auf die Bremse treten, selbst wenn sie in den kommenden Jahren von üppigen Regenfällen verwöhnt werden. Misstrauisch geworden durch die vorhergehenden Erfahrungen, trinken sie nicht alle über den Winter im Boden gespeicherten Wasservorräte auf einmal, sondern teilen sich die Reserven sorgfältiger ein, sodass auch für Notzeiten noch etwas im Erdreich verbleibt.

Der Umgang mit Wasser ist nur ein Beispiel für Informationen, die im Laufe eines Baumlebens im Wurzelgedächtnis gespeichert und festgehalten werden.

Damit dieses Wissen auch der nachfolgenden Baumgeneration zur Verfügung steht, ist es zusätzlich in den Samen enthalten. In jeder einzelnen Buchecker steckt also der Erfahrungsschatz der Mutterbuche, den sie im Laufe ihres Lebens gesammelt hat. In der Wissenschaft spricht man hier von Epigenetik. Jede einzelne Baumzelle enthält den kompletten Bauplan des Baumes. Das heißt, auch in der Zelle, die das Blatt bildet, liegt die Information für den Aufbau der Wurzel, die allerdings an der Stelle gar nicht benötigt wird. Chemische Bausteine sind dafür zuständig, dass die richtige Information an der richtigen Stelle ausgelesen wird. Sie haben also in etwa die Funktion eines Lesezeichens in einem Buch. Während das gesamte Buch eine Fülle an Informationen enthält, hilft uns das Lesezeichen, die für uns relevante Stelle zu markieren.

Der Nachwuchs von Bäumen, die an Durst gelitten haben, muss also nicht dieselben schmerzlichen Erfahrungen der Eltern noch einmal machen. Im Gegenteil, die kleinen Bäume können unmittelbar von deren Erfahrungen profitieren und besser vorbereitet ins Leben starten. Sogar bei Bäumen kann es manchmal also richtig schnell gehen, und es braucht nicht immer die ewig langen Zeiträume der Mutation von Generation zu Generation, um sich effektiv anzupassen.[15]

Klimaanlage und Regenmacher

Buchen benötigen die 500 Liter Wasser pro Tag allerdings nicht nur als Hauptzutat für die Herstellung ihrer Nahrung, sondern auch, um die Luft um sich herum herunterzukühlen. Wenn es uns im Sommer zu warm wird, fangen wir an zu schwitzen, damit unser Körper nicht überhitzt. Indem Bäume über die Münder auf der Blattunterseite Wasser verdunsten, schwitzen auch sie, um für kühle Luft zu sorgen.

Am liebsten schwitzen Waldbäume gemeinschaftlich, denn dann sind sie besonders effektiv, wie eine Langzeitstudie gezeigt hat.[16] Darin haben die Wissenschaftler über einen Zeitraum von 15 Jahren während der heißen Sommermonate von Juni bis August täglich zur Mittagszeit die Oberflächentemperaturen der Landschaft gemessen. Das Messgebiet erstreckte sich von der Stadt Berlin über die städtischen Randgebiete, angelegte Nadelholzplantagen bis hin zu Seenlandschaften und naturnahen Laubwäldern im Landkreis Barnim. Das Ergebnis ist erstaunlich: Die Differenz der Oberflächentemperatur zwischen der Stadt und den naturnahen Laubwäldern lag im Schnitt bei 15 Grad. Während man sich an einem heißen Sommertag in Berlin fast zu Tode schwitzt, lässt es sich im nur wenige Kilometer entfernten Buchenwald noch sehr gut aushalten.

Diese natürlichen Wälder haben durch das gemeinschaftliche Schwitzen nahezu denselben Kühleffekt wie die nahe gelegenen Seen erzielt. Bei einer von Menschen angelegten Nadelholzplantage lag die Oberflächentemperatur im Schnitt um acht Grad höher als im Laubwald, und selbst einem einzelnen Baum im Garten oder Stadtpark gelingt es, die Luft um ihn herum um ein bis zwei Grad herunterzukühlen.

In diesem Zusammenhang sei auch eine Studie der Universität Bern aus dem Jahr 2021 genannt, die die Rolle von Bäumen in europäischen Städten weiter beleuchtet hat. Herausgekommen ist, dass städtische Grünflächen, auf denen keine Bäume stehen, zwei- bis viermal schlechter kühlen als solche, auf denen Bäume wachsen dürfen.[17] Man kann also fundiert behaupten, dass in Zeiten des Klimawandels jeder einzelne Baum zählt – und das vor allem auch in den Städten.

Waldbäume sorgen in der Gemeinschaft somit selbst für ihr eigenes Wohlfühlklima, von dem auch wir Menschen unmittelbar profitieren. Die Bäume am Waldrand schwitzen ebenfalls fleißig vor sich hin. Da jedoch die Nachbarbäume fehlen, zieht die kühle Luft gleich ungebremst in die offene Landschaft davon, und die Arbeit beginnt von vorne. Während die Waldgemeinschaft ein geschlossenes Kronendach bildet, unter dem sie die kühle Luft festhält, muss der Baum am Waldrand ständig kühle Luft nachlegen, damit die Temperaturen einigermaßen erträglich bleiben. Auf Dauer verbraucht er dadurch im Schnitt mehr Wasser als die Kollegen im kühlen Wald, und die Problemspirale beginnt.

Aber nicht nur solche gut sichtbaren Grenzen wie Waldränder, sondern auch wesentlich kleinere Auflichtungen, die zum Beispiel die Fällung einzelner Bäume hinterlässt, stören die restlichen Bäume dabei, ihr Wohlfühlklima zu erhalten. Durch die entstandene Lücke im Kronendach kann auch hier die feucht-kühle Waldluft abziehen, und das Waldklima ändert sich spürbar für alle Bäume und sonstigen Waldbewohner. Der Ansatz der konventionellen Forstwirtschaft, den Bäumen im Wald Platz und Licht zu geben, entspricht daher gar nicht deren Vorlieben, sondern hat vielmehr wirtschaftliche Hintergründe. Mehr Licht, das auch an die sonst im Schatten liegenden seitlichen Kronenbereiche gelangt, lässt die Bäume nämlich wesentlich schneller wachsen.

So kommen Wissenschaftlerinnen und Wissenschaftler unter der Leitung der Universität Cambridge zu dem Schluss, dass das Öffnen des Kronendachs und somit das Verändern des Mikroklimas einen größeren Einfluss auf die Gesundheit der Bäume hat als der Klimawandel an sich.[18]

Warum aber auch ein schnelles Wachstum nicht im Sinne der Waldbäume ist, schauen wir uns in Kapitel 5 noch genauer an.

Der Wald zeigt uns immer wieder, dass er bestens für sich selbst sorgen kann und wir ihn nur machen lassen müssen. Doch das scheint die größte Herausforderung für uns Menschen zu sein. Forschungen haben jedoch gezeigt, dass sich ein natürliches Waldklima erst 1000 Meter von der nächsten Störung, wie es Waldränder sind, einstellt. Gegebenheiten, die wir in Deutschland mit seinem in rund zwei Millionen Fragmente zerteilten Wald jedoch kaum vorfinden.[19]

Durch die ganze Schwitzerei der Bäume entsteht allerdings nicht nur angenehm feucht-kühle Waldluft, sondern auch eine Menge Wolken. Wolken wiederum bringen Regen mit sich. Wenn der Regen nicht über den eigenen Kronen herabgeht, dann erfreut er spätestens die Kollegen im nächsten Wald mit dem dringend benötigten Nass. Intakte Wälder können daher nicht nur für ihre eigenen Wohlfühltemperaturen, sondern auch für ihren eigenen Regen sorgen und beeinflussen somit auch das lokale Kleinklima entscheidend.[20]

Probier's aus:

Dass es nicht nur der Schatten unterhalb von Bäumen ist, der kühlt, sondern auch die Verdunstung von Wasser über ihre Blätter, kannst du ganz leicht selbst überprüfen. Setze dich an einem heißen Sommertag einmal unter einen Sonnenschein und spüre, wie es sich anfühlt. Anschließend kannst du dir einen freistehenden Baum suchen und dich im Vergleich unter sein Blätterdach setzen. Spürst du einen Temperaturunterschied? Und wenn ja, wo ist es angenehmer?

Kapitel 4

IM WALD

Wagen wir uns von der Wiese und dem Waldrand nun endlich in den Wald hinein. Aber was macht einen Wald überhaupt aus? Wälder sind Ökosysteme, die durch Jahrmillionen der Evolution geformt wurden. Eine Zeit, in der sie sich an sich ständig verändernde Anforderungen anpassen mussten. Dabei geht es aber nicht nur um die Bäume selbst, sondern auch um deren Interaktionen mit anderen Lebewesen, die dieses Ökosystem so unglaublich komplex machen, dass wir es bis heute nur in Ansätzen verstehen. Da sind zum einen die Tiere, Pilze und andere Pflanzen, aber auch Bakterien und Viren.

Licht und Schatten

Blättert man durch Waldbücher, stößt man häufig auf Darstellungen, die den Wald in einzelne Stockwerke und Schichten einteilen, die sogenannten Vegetationsschichten. Darin ist die Rede von der Krautschicht, gefolgt von der Strauchschicht, die zusammen mit dem obersten Stockwerk, der Baumschicht, den Wald bildet. Allerdings lässt sich die Natur nicht gerne in Schubladen stecken. Sie macht es uns in diesem Fall sogar ganz leicht, da es in einem natürlichen Laubwald keine klar abgegrenzten Stockwerke, sondern eigentlich nur Bäume jeder Altersklasse und Größe gibt.

Durch das dicht geschlossene Kronendach knipsen die großen Bäume vielen darunter liegenden Pflanzen das Licht aus. Gerade Buchen können das Sonnenlicht nahezu vollständig für die Zuckerproduktion verwerten und lassen nur sehr wenig pflanzenverfügbares Licht durch, sodass der Waldboden ein sehr dunkler Ort für die Flora ist.

Die meisten Wildpflanzen hingegen lieben das Licht. Für die Bestäubung – und teilweise auch für die Verbreitung ihrer Samen – setzen sie auf die Hilfe von Insekten, von denen die meisten ebenfalls die Sonne brauchen, um auf Touren zu kommen.

Ähnlich geht es den Sträuchern. Viele von ihnen bilden auffällige Blüten. Denken wir nur an die ganzen Rosengewächse wie Brombeeren, Weißdorn oder Hundsrosen. Sie legen sich jedoch nicht ins Zeug, um unsere Augen mit ihren hübschen

Blüten zu erfreuen. Die Botschaft richtet sich abermals an Insekten, die den Sträuchern bei der Bestäubung helfen sollen.

Durch das mangelnde Licht finden wir unterhalb der Baumkronen in einem Buchenurwald daher kaum andere Pflanzen, sondern hauptsächlich nachwachsende Bäume unterschiedlichster Größe, die oft in kleinen Gruppen zusammenstehen.

Da Waldbäume häufig aussetzend blühen, also nicht jedes Jahr, können sie nicht auf bestäubende Insekten zählen, da diese nicht so lange auf Nektar und Pollen verzichten können. Deshalb setzen sie lieber auf den Wind, der den Pollen in großen Wolken durch die Wälder bläst und damit auch hin zu den weiblichen Blüten anderer Artgenossen. Üppig blühende Pflanzen im Wald sind, bis auf die Ausnahme der Frühblüher, daher meist ein Zeichen für menschliche Eingriffe, die für das nötige Licht sorgen.

Exkurs: Waldverhältnisse in Deutschland

Obwohl Deutschland zu einem Drittel bewaldet ist, bestehen rund 50 Prozent dieser »Wälder« aus nicht-heimischen Nadelbäumen.[21] Auch die restlichen Waldstücke sind weit davon entfernt, ein Urwald zu sein, sodass unser Auge an das in den Büchern beschriebene Bild der Stockwerke gewohnt ist. Einen Urwald, also einen Wald, in den der Mensch noch nie eingegriffen hat, suchen wir in Deutschland vergeblich. Und auch Wälder ab Alter 180 machen nur noch einen Anteil von 0,16 Prozent der Fläche Deutschlands aus.[22]

Von Natur aus wäre Deutschland jedoch zu 90 Prozent mit dichtem Buchenurwald bedeckt. Da könnte man sich die Frage stellen, ob das nicht auch eine Monokultur ist? Die Antwort lautet aber ganz klar: Nein. Denn unter die Buchen mischen sich, je nach Standort, noch um die zehn bis vierzehn weitere heimische Baumarten, die für Abwechslung sorgen: Von Eichen, Weißtannen und Eiben, über Bergahorn, Ulme und Hainbuche, ist alles dabei. Die Buche fühlt sich bei uns in Deutschland allerdings von den Tieflagen über die Mittelgebirge bis in Höhenlagen von ca. 1400 Meter pudelwohl, sodass sie hier in großer Anzahl vorkommen würde, wenn wir sie denn nur ließen.

Das ist übrigens in keinem anderen Land Europas in diesem Ausmaß der Fall. Zudem kann die Natur keine Monokulturen anlegen. Denn in natürlichen Wäldern, die sich über Jahrtausende entwickelt haben, haben wir etwas, was es in von Menschen angelegten Wäldern nicht gibt: eine unheimlich große Biodiversität. Damit sind nicht die eben angesprochenen Baumarten gemeint, sondern die genetische, innerartliche Vielfalt. Dass die Natur keine Monokulturen anlegen kann, zeigt auch schon die Begriffsherkunft: »Mono« leitet sich ab von dem griechischen Wort »monos«, was so viel bedeutet wie »allein, einzeln, einzig«. »Cultura« hingegen kommt aus dem Lateinischen und bedeutet so viel wie »Anbau«. Somit kann eine Monokultur immer nur menschengemacht sein.

Bäume als soziale Lebewesen

Natürlich ist es auch für den Baumnachwuchs am Waldboden sehr dunkel. Doch im Gegensatz zu den Wildpflanzen und Sträuchern profitieren die kleinen Bäume im Wald von einer starken Gemeinschaft. Waldbäume wie die Buche sind nämlich sehr soziale Lebewesen, die gerne kuschelig als Familie zusammenstehen und sich bei Problemen gegenseitig unterstützen.

Langsam zum Ziel

Ähnlich wie bei den Pionierbäumen lässt auch hier ein Blick auf den Samen die Vorliebe für ein Leben in Gemeinschaft bereits vermuten. Die Bucheckern sind zu schwer, um mit dem Wind weit fortgetragen zu werden, und plumpsen einfach direkt vor die Füße der Mutterbäume, sodass die Familie schön beisammen bleiben kann.

Damit der Nachwuchs mangels Licht nicht sofort wieder eingeht, kommen erneut die Wurzeln ins Spiel. Die Wurzeln der Mutterbuche machen sich unterirdisch auf die Suche nach dem feinen Wurzelwerk ihres Sprösslings, um sich mit ihm zu verbinden. Aus der Forschung gibt es starke Hinweise, dass sie bei dieser Suche nicht etwa im Dunkeln tappen, sondern offenbar gezielt in die Richtung des eigenen Nachkömmlings wachsen und sich mit ihm verbinden können.[23]

Über diese Verbindung lassen sie den kleinen Bäumchen Zuckerlösung zukommen, füttern sie also, da es am Waldboden für sie zu dunkel ist, um eigenständig Zucker produzieren zu können. Allerdings gibt es nicht unbegrenzt viele Süßigkeiten, denn unter dem dichten Kronendach der Buchenfamilie beginnt die Erziehung sofort, nachdem die Kleinen aufkeimen. Das wichtigste Erziehungsziel für Waldbaumeltern ist, dem Nachwuchs eine möglichst ausgedehnte Kindheit zu ermöglichen: Das heißt, dass langsames Wachstum oberste Priorität hat.

Bäume, die schnell wachsen, wie die Pionierbaumarten, lagern viel Luft in ihren Zellen ein, was zu Instabilität führt. Wer hingegen langsam wächst, bildet ganz dichte, kompakte

Holzzellen aus, die gegenüber äußeren Einflüssen sehr widerstandsfähig sind. Ein Grund, warum Holz für wertvolle, langlebige Produkte – wie beispielsweise hochwertige Möbel, Musikinstrumente oder den mittelalterlichen Langbogen – häufig von langsam wachsenden Bäumen wie Eiben und nicht von schnell wachsenden wie Pappeln stammt.

Das Ziel von Waldbäumen ist es, eine stabile Gemeinschaft zu bilden, die jahrhundertelang besteht. Daher ist es absolut sinnvoll, in den ersten Jahren auf die Bremse zu treten. In Baumzeitrechnung bedeutet das allerdings, dass die Waldbaumjugend durchaus 200 Jahre dauern kann. Da die Lebenserwartung einer Buche jedoch nach aktuellem Stand bei über 500 Jahren[24] liegt, bleibt ihnen anschließend noch genügend Zeit als großer, stattlicher Baum.

Der Schlüssel zur Erreichung dieses Ziels heißt: Licht aus. Daher ist ein geschlossenes Kronendach für das gesunde Heranwachsen der Waldbäume sowie die Entstehung eines stabilen Ökosystems von zentraler Bedeutung.

Der Lichtmangel bewirkt gleichzeitig, dass die Knospen statt knackig-süß eher bitter-zäh schmecken, sodass die kleinen Bäume zusätzlich einen Schutz vor hungrigen Rehen und anderen Hirschen erhalten.

Als kleines Bäumchen verfolgt man natürlich das Ziel, irgendwann einmal ein großer Baum zu werden und selbst entscheiden zu können, wie viel Zucker man futtern möchte. Der direkte Weg führt dabei stets nach oben, der Sonne entgegen. Hiermit haben die Baumeltern durch das Ausknipsen des Lichtes am Waldboden dann gleich ihr nächstes Erziehungsziel erreicht: ein gerades Wachstum. Denn auch ein stabiler, gerader Stamm ermöglicht ein langes Leben. An den Baumriesen zerren während heftiger Stürme – allein durch ihr enormes Eigengewicht – teils unglaubliche Kräfte. Stämme, die leicht schräg geneigt sind, sind daher viel anfälliger dafür, diesen Kräften zu erliegen.

Übrigens kann man bei Waldbäumen, wie der Eiche, außerhalb des Waldes häufig eine Wuchsform beobachten, die sich nicht an diese Etikette hält. Statt eines langen, geraden Stamms mit einer kleinen Baumkrone bilden diese Kandidaten häufig einen kurzen, mächtigen Stamm sowie eine ausladende Krone aus. Da überall um sie herum Licht verfügbar ist, verschwenden sie keine Kräfte, um unnötigerweise weit nach oben zu wachsen. Sie stecken lieber all ihre Energie in die Bildung vieler Blätter, um so viel Sonnenlicht wie möglich einzufangen. Ein weiteres Beispiel dafür, wie gut Bäume auf äußere Einflüsse ihres individuellen Standortes reagieren können.

Die Unterstützung hört übrigens nicht bei dem eigenen Nachwuchs auf. In einem Buchenurwald verbinden sich die Bäume über die Wurzeln miteinander. So erhalten auch schwache und kranke Buchen eine Extraportion Zucker von den kräftigeren Mitgliedern der Familie. Denn Bäume leben ganz nach dem Motto, dass eine Gemeinschaft nur so stark ist wie ihr schwächstes Glied. Und damit die Gemeinschaft immer möglichst stark bleibt, haben Waldbäume ein Interesse daran, für eine stabile Gesundheit jedes einzelnen Familienmitgliedes zu sorgen, und helfen sich gegenseitig aus.

Wenn ein kleiner Buchensamen an einen anderen Ort abseits der eigenen Familie verschleppt wird, beispielsweise durch einen Eichelhäher, bedeutet das übrigens nicht zwangsläufig sein Ende. Aber der Start ins Leben wird unter Umständen erschwert, da die Unterstützung fehlt oder die Kleinen zu viele Süßigkeiten futtern, sodass sie sich, ähnlich der Pioniere, schneller verausgaben und weniger alt werden. Erst die zweite Generation kann am neuen Standort wieder langsam im Schatten ihrer schnell gewachsenen Mütter groß werden.

Probier's aus:

Bei kleinen Laubbäumen gibt es eine Möglichkeit, ihr Alter abzuschätzen, ohne dass man sie dafür absägen muss. Jedes Jahr lassen sie einen neuen Trieb mit kleinen Knospen wachsen, aus denen im Frühjahr frische grüne Blätter sprießen. Am Ende dieses Triebes, direkt hinter den Knospen oder Blättchen, bildet sich eine kleine, knubbelige Stauchung aus. Diese Stauchung liegt in Falten und sieht ein bisschen aus wie eine Ziehharmonika oder ein auf den Knöchel runtergerutschter Strumpf. Jedes einzelne Knübbelchen steht also für ein Wachstumsjahr des Baumes. So kann man sich einmal den längsten Ast eines kleinen Bäumchens nehmen und oben beginnend nach unten zählen. Je dicker das Stämmchen wird, desto weniger sichtbar sind diese faltigen Ringe, da sie mit der Zeit rauswachsen. Selbst bei Bäumchen, deren Stamm nur fingerdick ist, wird es daher irgendwann schwer, die Knubbel zählen zu können. Wenn du also keine Knötchen mehr finden kannst, kannst du noch ein paar Jahre für das Wachstum des Bäumchens vom Boden aus bis zur Stelle des letzten Wachstumsrings hinzurechnen, um das Gesamtalter abschätzen zu können. Die kleinen Knötchen kann man manchmal sogar besser fühlen als sehen. Fahr also einfach einmal langsam mit den Fingern über das dünne Stämmchen, wenn du mit den Augen nichts entdecken kannst.

Pilze – die unterirdischen Helfer

Obwohl sich die Wurzeln eines Baumes bereits sehr weit ausbreiten können, wie wir in den vorherigen Kapiteln erfahren haben, ist auch hier die Grenze irgendwann erreicht. Um aber auch darüber hinaus noch mit den Baumkollegen verbunden zu sein, gehen die Bäume im Wald unterirdisch eine weitere sehr enge Beziehung ein. Der Waldboden ist durchzogen von einer Vielzahl weißer Fäden, die stellenweise mit dem bloßen Auge erkennbar sind. Bei diesen feinen Gebilden handelt es sich um Pilze, und zwar Pilze im eigentlichen Sinne. Denn die schönen und teils leckeren Hüte, die wir im Herbst sammeln können, sind lediglich die Fruchtkörper der Pilze, ähnlich einem Apfel an einem Apfelbaum.

Der eigentliche Pilz steckt als sogenanntes Myzel im Boden. Mit ihren unzähligen Fäden, auch Hyphen genannt, legen sie sich um die Wurzelspitzen der Bäume wie ein feines Geflecht aus Zuckerwatte. Ohne Gegenwehr der Bäume, also offenbar in beiderseitigem Einverständnis, wachsen die Hyphen mancher Pilzarten sogar in die Wurzeln hinein – eine engere Beziehung ist kaum vorstellbar. Dieses feine Netzwerk durchzieht den gesamten Waldboden und verbindet Baum für Baum miteinander, über eine Reichweite, die mit den Wurzeln allein nicht möglich wäre. So ist sichergestellt, dass auch der entlegenste Baumfreund bei Bedarf mit Zuckerwasser versorgt werden kann.

Doch die Pilze ermöglichen den Bäumen darüber hinaus auch einen intensiven Austausch untereinander. Wie ein riesiges Kommunikationsnetzwerk leiten die Pilzfäden Informationen der Bäume zielgenau weiter. Die Nachrichten werden über elektrische Signale durch die Pilzfäden transportiert und von den feinen Wurzelspitzen der Bäume aufgenommen und verarbeitet.

Eine Nachricht, die durch diese Glasfaserkabel des Waldes befördert wird, könnte beispielsweise die Baumnachbarn vor einem Insektenangriff warnen. Aber auch die großen Pflanzenfresser bleiben nicht unentdeckt. Wenn sich ein hungriges Reh im Frühjahr ein frisches Buchenblatt schmecken lässt, hinterlässt es an der Abbissstelle Speichel. Diesen Speichel kann der Baum wahrnehmen und dem Reh zuordnen. Oder anders ausgedrückt: Der Baum kann den Rehspeichel offenbar schmecken. Um zu verhindern, dass das Reh alle Blätter auffuttert, ist der Baum imstande, Bitterstoffe in den Blättern einzulagern, sodass dem Reh der Appetit vergeht. Übrigens schaffen Bäume das erstaunlich schnell. In ungefähr ein bis zwei Stunden schmecken die für das Reh erreichbaren Blätter in den unteren Etagen nicht mehr zitronig-frisch, sondern unangenehm bitter.

Pflücken wir uns hingegen ein paar Blätter für einen leckeren Buchenblattsalat (und beißen dabei nicht gleich herzhaft in den Ast), hinterlassen wir keinen Speichel. Auch das »schmeckt« der Baum, beziehungsweise schmeckt er unter diesen Umständen gar nichts. Daher beginnt er sofort damit, die kleinen Verletzungen an der Abrissstelle zu heilen, ohne erst energieaufwendig Bitterstoffe einzulagern, die in diesem Fall nicht den gewünschten Abwehreffekt erzielen würden.[25]

Möglicherweise können sich die anderen Bäume bereits vorab auf die Futterattacke von Tieren einstellen und die Blätter zu einem bitteren Snack werden lassen – über Pilznetzwerke oder über die Luft.[26] Da das unterirdische Informationssystem des Waldes an unser Internet erinnert, sprechen Wissenschaftlerinnen und Wissenschaftler bereits seit den 1990er-Jahren vom Wood Wide Web.[27]

Aber damit nicht genug. Die Pilze haben ein sehr feines Gespür für das gesundheitliche Befinden ihres Baumpartners. So sind sie in der Lage, einige Stoffe, die der Baum für sein Wohlbefinden braucht – etwa Stickstoff und Phosphor –, aus dem Boden zu lösen und ihm zur Verfügung zu stellen.

Allerdings handelt es sich hierbei nicht um eine einseitige Beziehung. Im Gegenzug für die Informations- und Zuckerweitergabe sowie die Mineralstoffversorgung erhält der Pilz vom Baum eine ordentliche Zuckerration für die eigene Versorgung. Denn Pilze können ihre Nahrung nicht, wie Bäume, selbst herstellen, sondern sind ebenso wie wir auf fremde organische Substanz angewiesen.

Da es eine Vielzahl verschiedener Pilzarten gibt, gibt es auch die unterschiedlichsten Nahrungsvorlieben. Die sogenannten Mykorrhizapilze, die eine enge Symbiose mit Bäumen eingehen, ernähren sich vom Baumzucker, den ihnen die Bäume im Gegenzug für ihre Dienstleistungen zuleiten. Andere Pilze treten erst auf den Plan, wenn die Bäume ihr Leben ausgehaucht haben, und futtern sich durch das tote Holz oder die herabgefallenen Blätter. Wieder andere scheuen nicht davor zurück, noch lebende Bäume oder Organismen zu befallen. Es handelt sich dabei um parasitäre Pilze, zu denen beispielsweise auch der Fußpilz bei uns Menschen gehört.

Pilze spielen also in vielerlei Hinsicht für die Natur eine unglaublich große Rolle, das Wohlbefinden von Bäumen und Pflanzen eingeschlossen. So gehen Forscherinnen und Forscher davon aus, dass 90 Prozent aller Landpflanzen weltweit in Symbiose mit Mykorrhiza-Pilzen stehen, die ihnen vor allem in schweren Zeiten das Leben erleichtern.[28]

Probier's aus:

Das Internet des Waldes – das Wood Wide Web – kannst du zum Teil sogar mit bloßem Auge entdecken, und es lässt sich in fast allen Laubwäldern ganz leicht finden. Schiebe dazu die oberste Laubschicht ein wenig zur Seite und nimm etwas Waldboden in die Hand. Kannst du feine weiße Fäden darin erkennen? Das sind die Pilze, die sich unterirdisch mit den Bäumen verbinden. Manchmal kannst du regelrechte Knotenpunkte finden, an denen viele Fäden zusammenkommen und die deshalb gut sichtbar sind. Manchmal musst du etwas genauer hinschauen, um die zarten Hyphen entdecken zu können. Aber eins ist sicher: Ob sichtbar oder nicht, die Pilze sind überall im Waldboden.

Quiz

Wie viel Meter Pilzfäden befinden sich in einem Quadratzentimeter Waldboden?
a) 0,1 Meter
b) 10 Meter
c) über 1000 Meter

Wie schnell läuft die Informationsweiterleitung durch das Wood Wide Web?
a) 1 Zentimeter pro Sekunde
b) 1 Zentimeter pro Minute
c) 1 Zentimeter pro Stunde

Wie viel Zucker müssen Bäume für die Dienstleistungen der Pilze im Schnitt bezahlen?
a) $^1/_5$ der jährlichen Produktion
b) $^1/_4$ der jährlichen Produktion
c) $^1/_3$ der jährlichen Produktion

Die richtige Antwort findest du am Ende des Buches auf Seite 308.

Die Sprache der Bäume

Beim unterirdischen Austausch von Informationen bleiben die Baumarten lieber unter sich. Das heißt, Buchen unterhalten sich mit Buchen und Eichen mit Eichen. Entpuppen sich die Waldbäume also doch als weniger sozial? Nicht wirklich, es hängt eher damit zusammen, dass die unterschiedlichen Baumarten auch unterschiedliche Sprachen sprechen. Obwohl Bäume für unser Auge alle irgendwie ähnlich aussehen – alle haben Stamm, Äste, Blätter –, sind sie innerlich sehr verschieden. Selbst Buche und Eiche haben sich im Laufe der Evolution ganz unterschiedlich entwickelt, sodass es zu Verständigungsproblemen kommt. Das ist in etwa so, als sollten wir uns mit Affen unterhalten. Vielleicht ist es auch diese Sprachbarriere, die bewirkt, dass die Unterstützung mit Zuckerwasser nicht baumartenübergreifend abläuft. Doch hier kommen die Mykorrhizapilze als Vermittler ins Spiel.

Um ihre eigene Versorgung mit Zucker sicherzustellen, fahren sie möglicherweise mehrgleisig, denn sie verbinden sich gleichzeitig mit unterschiedlichen Baumarten. Beispielsweise konnte man feststellen, dass Douglasien und Birken so miteinander über Pilzfäden verbunden waren, dass Douglasienzucker auch in Birkenwurzeln auftauchte.[29] Ist das eine Absicherungsstrategie? Wenn nämlich ein Baumpartner stirbt, bleibt immer noch die andere Art, die Zucker liefert, um den Hunger zu stillen. Wenn also die Douglasie Zuckerlösung an das Pilznetzwerk abgibt, die der Birke dabei helfen würde, wieder zu Kräften zu kommen, kann der Pilz die stärkende Flüssigkeit entsprechend weiterleiten, obwohl Douglasien und Birken eigentlich erbitterte Konkurrentinnen um den Luftraum ihrer Kronen sind. Auf diese Art können die Pilze für eine gewisse Umverteilung im Wald sorgen.

Die Sprache der Pilze

Wie neueste Forschungen zeigen, haben Pilze sogar untereinander eine eigene Sprache, unabhängig von den Nachrichten, die sie für die Bäume weiterleiten. Auch die Sprache der Pilze läuft, ebenso wie bei der unterirdischen Baumkommunikation, über elektrische Signale. Noch eine weitere Parallele hat Andrew Adamatzky von der University of West England bei seinen Forschungen entdeckt. Die Kommunikation der Pilze und die Kommunikation unserer Nervenzellen weisen große Gemeinsamkeiten auf, denn auch die Nervenzellen nutzen elektrische Signale, um Nachrichten zu übermitteln. Die Pilze lassen sich allerdings wesentlich mehr Zeit beim »Sprechen« und sind auch nicht allzu geschwätzig.

Während Nervenzellen im Sekundentakt neue Signale aussenden, können die elektrischen Signale der Pilze bis zu 21 Stunden andauern, und zwischen den einzelnen »Wörtern« kann es Pausen von mehreren Stunden geben. Abgesehen davon jedoch ist diese Pilzsprache unserer Sprache tatsächlich erstaunlich ähnlich. So gleichen die elektrischen Spitzen

der Signale, die Pilze austauschen, denen von Wörtern in der menschlichen Sprache bis hin zur Satzstruktur. Der »Wortschatz« der meisten Arten beschränkt sich dieser Studie zufolge im Kern auf 15–20 Wörter, während einzelne Arten sogar über einen Wortschatz von 50 Wörtern verfügen.[30]

Duftkommunikation

Neben dem unterirdischen Weg der Kommunikation gibt es für die Bäume auch eine oberirdische Variante, sich zu verständigen. Die Waldluft ist erfüllt von Duftbotschaften, die die Bäume aussenden. Während sie über die Wurzeln und Pilze elektrische Signale austauschen, funktioniert dieser Kommunikationsweg über chemische Signale. Einige Duftvokabeln haben Wissenschaftlerinnen und Wissenschaftler in der Waldluft bereits entschlüsseln können. Sie gehören zur Gruppe der Terpene, die ebenfalls für den aromatischen Geruch von Harz oder Fichtennadeln verantwortlich sind. Während die meisten dieser Botschaften für unsere Nase nicht bewusst wahrnehmbar sind, können die Bäume sie empfangen und entsprechende Reaktionen einleiten, was im Umkehrschluss bedeutet, dass sie in gewisser Weise auch riechen können.

Bereits in den 1970er-Jahren hat man diese Form der Kommunikation bei Schirmakazien in Afrika nachweisen können: Mit ihren langen Hälsen erreichen Giraffen problemlos die Blätter der Akazien und lassen sich eins nach dem anderen schmecken. Da der Baum seine Blätter für die Zuckerproduktion gerne behalten möchte, hat er im Laufe der Jahre eine Strategie entwickelt, wie er den Giraffen den Appetit verderben kann. Hierzu pumpt er Stoffe in seine Blätter, die für die Giraffen nicht nur unangenehm schmecken, sondern sogar giftig sind. Sobald die Giraffen einen Hauch dieser Giftstoffe erspüren, ziehen sie weiter zu einer anderen Schirmakazie. Sie lassen jedoch erst eine ganze Reihe Bäume links liegen, bevor sie ihre Mahlzeit fortsetzen, und wählen den nächsten Futterbaum entgegen der Windrichtung. Da die Duftbotschaften über den Wind transportiert werden, sind die Schirmakazien, die in Windrichtung wachsen, durch die angeknabberten

Akazien vorgewarnt und konnten bereits vorsorglich Giftstoffe einlagern. Das wissen offenbar auch die Giraffen und fressen lieber an Bäumen, die noch nicht informiert wurden.

Die Duftsprache dient den Bäumen allerdings nicht nur für den Austausch von Nachrichten untereinander – sie können hierüber auch mit Tieren kommunizieren. Die Blätter unserer heimischen Ulme beispielsweise werden zum Leidwesen des Baums gerne von Raupen angefressen. Schmeckt sie den Speichel der Raupe, kann die Ulme Duftbotschaften in die Waldluft schicken, die sich an Schlupfwespen richten. Die Schlupfwespe wiederum registriert die Nachricht und weiß Bescheid, dass es bei der Ulme einen geeigneten Platz für die Eiablage gibt. Der Nachwuchs der Schlupfwespe hat nämlich wiederum die knabbernden Raupen zum Fressen gern. So fliegt die Schlupfwespe gezielt die Hilfe suchende Ulme an, um dort in die Raupen Eier zu injizieren, sodass sich der Nachwuchs in Ruhe durch die unfreiwilligen Gastgeber futtern kann. Für die Ulme hat sich das Problem somit gelöst.

In einer Studie aus dem Jahr 2021 konnte die Duftkommunikation zwischen Bäumen und Tieren erstmals auch im Wald mithilfe eines 40 Meter hohen Forschungskrans nachgewiesen werden:[31] Im Leipziger Auwald ist es den Wissenschaftlerinnen und Wissenschaftlern um Dr. Martin Volf gelungen, aufzuzeigen, dass die Hilferufe der Bäume die Zusammensetzung der Insektengemeinschaften in den Baumkronen maßgeblich beeinflussen und neben Insekten auch Vögel von den chemischen Duftbotschaften angelockt werden. Die flüchtigen organischen Stoffe, die von den Bäumen ausgesendet und in der Wissenschaft VOCs (volatile organic compounds) genannt werden, können offenbar von vielen Tieren verstanden werden. Das führt dazu, dass Bäume, die Hilferufe aussenden, auch tatsächlich Hilfe bekommen und weit häufiger von räuberischen Insekten oder Vögeln angeflogen werden als Baumkollegen, die schweigen. Aber auch Raupen, die auf der Suche nach frischen Blättern sind, halten von den Hilfe suchenden Bäumen Abstand und bevorzugen als Lebensraum Bäume, die noch keine Botschaften gesendet haben, um nicht gleich im Magen eines hungrigen Vogels zu landen, der ebenfalls in den Wald hineingeschnuppert hat.

Totholz als Lebensraum und Klimaanlage

Doch nicht nur Blätter stehen als Nahrung und Wohnraum im Wald hoch im Kurs, auch die Körper abgestorbener Bäume sind von zentraler Bedeutung.

Allein unter den Insekten und Pilzen sind rund 6000 Arten auf Totholz als Lebensraum und/oder Nahrungsquelle angewiesen. Da wir, insbesondere was die winzigen Waldbewohner betrifft, die allermeisten Arten noch gar nicht kennen, sind es wahrscheinlich noch unzählige mehr.

Eine ganze Armada an Lebewesen verputzt also die Körper abgestorbener Bäume oder sucht darin Unterschlupf. Dabei hat jeder dieser Spezialisten besondere Vorlieben, sodass es im Wald zu jeder Zeit jemanden gibt, der die nächste Schicht übernimmt und das Holz weiter zersetzt oder in die entstandenen Hohlräume einzieht.

Das Holz wird durch diese Kette an Zersetzern über die Jahre immer weiter zerkleinert und feinkrümeliger und rutscht immer tiefer in den Boden hinein. Die Fülle an Nährstoffen, die der Baum im Laufe seines Lebens im Stamm gespeichert hat, wird durch die unzähligen kleinen Helfer wieder freigesetzt und als Humus aufbereitet. Dadurch wird der nachfolgenden Baumgeneration ein guter Start ins Leben gesichert.

Wie lange es dauert, bis ein Baum zersetzt ist, hängt davon ab, wie naturnah der Wald ist, wie viele dieser kleinen Helfer also vorhanden sind, aber auch davon, um welche Baumart es sich handelt. So dauert es bei Buchen über 30 Jahre, bis der Stamm in seine Einzelteile aufgelöst ist, während die Kleinstlebewesen bei einer Fichte um die 100 Jahre benötigen, bis von dem Baum keine sichtbare Spur mehr zu finden ist.[32] Der Kohlenstoff dieser Bäume bleibt aber sehr viel länger im Boden gebunden.

Die Unterstützung, die sich Waldbäume zuteilwerden lassen, geht sogar über den Tod hinaus. Denn auch für die lebenden Baumkollegen sind die abgestorbenen Bäume ein wichtiger

Bestandteil der Waldgemeinschaft. Sie liefern ihnen nicht nur wertvolle Nährstoffe, sondern helfen ihnen auch, ihr feucht-kühles Wohlfühlklima zu erhalten. Durch das gemeinschaftliche Werk der kleinen Lebewesen wird ein Totholzstamm regelrecht zum Schwamm, der sich bei Regen mit Wasser vollsaugen kann. Nach und nach wird die enthaltene Feuchtigkeit über Verdunstungsprozesse wieder an die Umgebungsluft abgegeben. So unterstützen die abgestorbenen Bäume das Schwitzen der lebenden Waldbäume und wirken wie eine Art Klimaanlage.

Lebensraum, Nahrungsquelle oder Kühlung bieten allerdings nur mächtige Totholzstämme in stehender oder liegender Position. Die vielen kleinen Äste, die wir in unseren Wirtschaftswäldern häufig finden, können diese wichtigen Aufgaben nicht übernehmen und stellen keinen Ersatz für dicke Totholzstämme dar. In einem Buchenurwald, wie es ihn beispielsweise in Rumänien noch gibt, liegt der Totholzanteil sogar bei 30–40 Prozent. Da es sich jedoch um einzelne kolossale Stämme und nicht um lauter kleine Äste handelt, fällt dieser hohe Anteil nicht so sehr ins Auge.

Wenn Bäume schlafen

Nachdem die Bäume den Tag damit verbracht haben, Zucker zu produzieren, zu schwitzen und Fressfeinde abzuwehren, geht irgendwann die Sonne unter. Vielleicht hast du dir auch schon einmal die Frage gestellt, was Bäume nachts eigentlich so treiben? Die Antwort ist ebenso simpel wie erstaunlich: Auch Bäume schlafen nachts. Wenn die Nacht hereinbricht, beginnt für die Bäume im Wald der Feierabend, und das Tageswerk wird beendet. Während wir uns in kuschelige Betten zurückziehen und die Augen schließen, lassen die Bäume ihre Äste entspannt hängen. Forschende, die sich dem Schlafverhalten der Bäume gewidmet haben, konnten bei Birken feststellen, dass sie ihre Äste im Laufe der Nacht bis zu zehn Zentimeter absenken, um sie mit dem Sonnenaufgang wieder aufzurichten.[33] Es wirkt fast, als würden sich die Bäume nach dem Aufwachen am nächsten Morgen erst einmal recken und strecken, um in den neuen Tag zu starten.

Ob die Bewegungen der Äste vom Licht gesteuert werden oder ob es vielmehr die innere Uhr der Bäume ist, die sie dazu veranlasst, ist noch nicht geklärt. Während der nächtlichen Schlafphase konnten die Wissenschaftlerinnen und Wissenschaftler ein leises Rauschen in den Stämmen der Baumriesen vernehmen. Schnarchen Bäume etwa, während sie schlafen? In der Nacht pumpen Bäume sich regelrecht voll mit Wasser, mit dem Unterschied, dass das Wasser nachts in den Stämmen steht, während es tagsüber durch die Leitungen fließt. Die Schnarchgeräusche werden vermutlich von kleinen Bläschen verursacht, die sich im stehenden Wasser bilden.

Ob Bäume dieses Rauschen untereinander als Schnarchen empfinden, bleibt wohl ihr Geheimnis. Es deutet jedoch vieles darauf hin, dass Bäume die Erholungsphase nachts ebenso brauchen wie wir. Doch etwas Arbeit fällt auch im Dunkeln an: Während dieser Zeit nämlich wächst der Baum, wird der hölzerne Stamm, also die Baumknochen, dicker.

Der gesamte Biorhythmus von Bäumen ist nach dem Licht ausgerichtet. Besonders gut sichtbar wird dies bei Pflanzen, deren Blüten im Tagesverlauf mit dem Licht wandern, wie beispielsweise Sonnenblumen. Problematisch wird es bei Bäumen in der Stadt, die durch die Straßenbeleuchtung Tag und Nacht künstlichen Lichtquellen ausgesetzt sind. Ihr Biorhythmus wird durch die Dauerbeleuchtung durcheinandergebracht. Wenn wir uns vorstellen, dass wir hundemüde sind und in unserem Schlafzimmer die ganze Nacht die Deckenleuchte brennt, ist an einen tiefen, erholsamen Schlaf nicht zu denken. Wenn das zur Regel wird, leiden wir an einem Schlafdefizit, das sich langfristig auf unser Immunsystem und unseren Gesundheitszustand auswirkt.

Den Stadtbäumen geht es da nicht anders. Der latente Schlafmangel durch die ständige Beleuchtung schwächt das Immunsystem der Bäume und trägt dazu bei, dass Stadtbäume nicht so alt werden wie ihre Kollegen im Wald. Die Übergangsphasen von Herbst zu Winter und von Winter zum Frühjahr sind für viele Prozesse in der Natur wichtig. Das Signal kürzer oder länger werdender Tage wird durch die Straßenbeleuchtung ebenfalls gestört. So ist es nicht selten der Fall, dass Stadtbäume auf der einen Seite bereits kahl dastehen, während die Seite, die einer Leuchtquelle zugewandt ist, im Winter noch voller Blätter hängt.[34]

Flechten und Moose

Flechten

Sind dir auf den Stämmen von Bäumen auch schon mal diese weißen Flecken aufgefallen? Sind die Bäume etwa alle krank und ihre Tage gezählt? Keine Sorge, hierbei handelt es sich um ganz harmlose, dafür umso faszinierendere Wesen: Es sind Flechten, die auf der Baumrinde ein Plätzchen zum Wachsen gefunden haben. Flechten sind äußerst genügsam und resilient. Sie können größte Hitze oder Kälte, aber auch extreme Trockenheit ertragen und damit lange Durststrecken überstehen. Alles, was sie suchen, ist ein Untergrund, auf dem sie wachsen und ein wenig Wasser sowie Staub aus der Luft aufnehmen können. Bäume bieten da einiges an Oberfläche, aber auch Steine, Zaunpfähle, Regenrinnen oder Dachziegel werden gerne besiedelt. Flechten wachsen also lediglich auf der Rinde und nicht in sie hinein. Da sie zudem äußerst langsam wachsen, sind sie vielmehr ein Zeichen dafür, dass der Baum schon einige Jahre leben durfte.

Diese zähen Geschöpfe setzen sich übrigens aus zwei Lebewesen zusammen. Es gibt einen Pilzpartner und einen Algen-, manchmal auch einen Bakterienpartner, die als Flechte zusammenkommen. Auch bei den Flechten gibt es eine feste Aufgabenverteilung. So sorgt der Pilzpartner dafür, dass die Alge bzw. das Bakterium sicher eingebettet und vor UV-Strahlung und Austrocknung geschützt ist, während Alge oder Bakterium für das leibliche Wohl sorgen. Diese können nämlich selbst Fotosynthese betreiben, was an der grünlichen Farbe vieler Flechten erkennbar ist.

Abb. folgende Doppelseiten:
Flechten und Moose.
S. 84/85: Brunnenlebermoos.
S. 86/87: Bartflechte (Kanarische Inseln)

Bei den Flechten unterscheidet man zwischen drei unterschiedlichen Wuchsformen: Die sogenannten Krustenflechten wachsen, wie der Name schon sagt, wie Krusten eng auf ihrem Untergrund. Die Blattflechten wachsen wie kleine Blätter und heben sich schon etwas von ihrer Unterlage ab, während die Strauchflechten zum Teil wie lange Männerbärte von den Ästen der Bäume hängen. Ein Bild, das man in Bergregionen häufig zu sehen bekommt.

Mythos: Flechten stehen für saubere Luft

Flechten werden häufig unmittelbar mit besonders guter Luftqualität in Verbindung gebracht. Das stimmt pauschal allerdings nicht, denn Flechten sind unterschiedlich tolerant gegenüber Luftverschmutzungen. Die Gelbflechte beispielsweise zeigt einen besonders hohen Stickstoff- und Nitratgehalt in der Luft an und hat sich durch die intensive Landwirtschaft in den letzten Jahren stark ausgebreitet. Ein Blick auf die Wuchsform kann uns jedoch einen Hinweis darauf geben, wie sauber die Luft ist. Grundsätzlich kann man sich merken: Je strauchiger eine Flechte ist, desto weniger tolerant ist sie gegenüber Luftverschmutzung. Während wir Krustenflechten nahezu überall finden, wachsen Strauchflechten nur in Regionen mit sehr sauberer Luft, wie zum Beispiel in den Bergen.

Moose

Allein in deutschen Wäldern kann man annähernd 1053 verschiedene Moosarten finden, die manchmal aussehen wie kleine Zypressen, wie Sternchen oder welliges Haar.[35] Durch die vielfältigen Wuchsformen unterscheidet man zwischen Laub-, Leber- und Hornmoosen. Diese zähen Überlebenskünstler haben sogar die Dinosaurier überlebt und besiedeln unsere Erde schon wesentlich länger als sämtliche Blütenpflanzen. Für ihre Vermehrung setzen sie daher auch nicht auf Samen, sondern entsenden mithilfe des Windes und Regenwassers Sporen in die Landschaft, so wie wir es von Pilzen kennen.

Da diese Ur-Pflanzen keine Stängel besitzen, wachsen sie

nicht besonders hoch, sondern ziehen sich vielmehr wie Polster über den Untergrund. Häufig übernehmen jedoch gerade die Kleinen zentrale Rollen in der Natur. Im Wald ist nämlich ohne Moos tatsächlich nicht viel los.

Die dicken Polster können sehr viel Wasser speichern und es anschließend langsam wieder abgeben, sodass sie helfen, die feucht-kühle Waldluft zu erhalten, die Böden vor Austrocknung zu schützen und das Wasser gleichzeitig zu filtern. Auch als Lebensraum ist Moos überaus wichtig. Aus Sicht von Kleinstlebewesen bilden Moose eigene Miniaturwälder, in denen sie ein geschütztes Zuhause finden. Ebenso profitieren kleine Buchheckern und Eicheln davon, wenn sie in ein schützendes Moosbett fallen, in dem sie Wasser und Nährstoffe finden.

Während Moose selbst größte Trockenheit problemlos überdauern, sind sie gegenüber Luftverschmutzungen sehr sensibel. Moose mögen es gerne nährstoffarm, sodass ihnen Dünger aus der Luft, etwa in Form von Stickstoffverbindungen durch Verkehr und Landwirtschaft, nicht gut bekommen. Sie werden vom Menschen teilweise sogar für die Überwachung der Luftqualität genutzt, da sie lange vor den großen Bäumen absterben, wenn die Luftqualität schlecht ist.[36]

Exkurs: Das Bärtierchen – ein Moosbewohner unter der Lupe

Nur einer von unzähligen faszinierenden Moosbewohnern ist das Bärtierchen. Dieser winzige Kerl ist mit bloßem Auge zwar nicht zu sehen, offenbart unter dem Mikroskop aber seinen kompakten Körper, der wirklich an ein Miniaturbärchen erinnert. Das Bärtierchen ernährt sich von abgestorbenen Pflanzenteilen im Moos oder noch kleineren Lebewesen. Es braucht Feuchtigkeit, um auf Touren zu kommen. In Dürreperioden kann dieses widerstandsfähige Tierchen einfach komplett austrocknen, seine acht Beinchen ganz nah an den Körper heranziehen und den Stoffwechsel einstellen – es ist dann also quasi tot. In diesem Zustand kann es sogar Jahrzehnte überdauern und altert währenddessen kein bisschen. Wenn es dann endlich wieder regnet, saugt sich das Bärtierchen innerhalb von 20 Minuten mit Wasser voll und macht einfach da weiter, wo es aufgehört hat, als wäre nichts passiert.

Exkurs: Schlafmoos

Nicht nur Eichhörnchen, Vögel, Dachse, Wildschweine und viele weitere Tiere haben die flauschig-weiche Eigenschaft vieler Moose längst erkannt und nutzen sie gerne, um ihr Zuhause auszupolstern. Auch bei vielen Menschen war Moos aus der Not heraus früher sehr geschätzt. In Zeiten, in denen Daunenkissen und -decken nicht für jedermann erschwinglich waren, sind die Menschen in den Wald gezogen und haben Moos gesammelt, um es in ihre Kissen- und Bettbezüge zu füllen. So waren die finanziell schlechter gestellten Menschen mindestens genauso weich gebettet wie die wohlhabenderen Nachbarn, und man taufte eine besonders weiche und beliebte Moosart, die gerne an den unteren Stämmen von Bäumen wächst, auf den Namen »Schlafmoos«.

Kapitel 5

FASZINATION WALDBODEN

Man mag es kaum glauben, aber der Großteil des Lebens an Land spielt sich im Verborgenen unter unseren Füßen ab. Vielleicht wird dem Boden gerade deshalb häufig nicht die Bedeutung zugeschrieben, die er eigentlich hat. Ein Grund mehr, etwas Licht ins Reich der Dunkelheit zu bringen.

Woraus besteht Waldboden?

Ein geheimnisvolles Reich, dunkel und in weiten Teilen unerforscht, ist das Zuhause unserer Waldbäume: der Waldboden. Hier verankert ein Waldbaum seine kostbaren Wurzeln und vernetzt sich mit seinen Artgenossen. Im Dunkel des Bodens findet die Zusammenarbeit mit den Pilzen und die Kommunikation mit den Familienmitgliedern und Nachbarn statt. Der Waldboden ist ein eigenes Universum; verborgen unter unseren Füßen benötigt es viel Vorstellungskraft, um die Prozesse nachvollziehen zu können, die dort stattfinden. Der Waldboden ist für uns nach wie vor ein Mysterium, das größtenteils unerforscht ist. Begeben wir uns auf eine Reise in die dunklen Sphären, eine Reise in der Zeit und eine Reise hin zu seltsamen und unbekannten Kreaturen. Eine Studie aus der Schweiz hat gezeigt, dass 60 Prozent aller entdeckten Arten auf diesem Planeten im Boden leben. Bis zum Erscheinen der Studie im August 2023 ging man noch davon aus, dass es gerade einmal 25 Prozent sind.[37]

Der Blick in den Waldboden ist ein direkter Blick in die Vergangenheit der Erde. Über Jahrmillionen hat sich der Boden geformt und ständig verändert. Das, was wir heute in unserer Hand zerkrümeln lassen, ist das Resultat von ungeheuren Umwälzungen und Naturgewalten.

Unsere Böden in Mitteleuropa sind während der letzten Eiszeiten entstanden. Das gegenwärtige Eiszeitalter dauert bereits seit 34 Millionen Jahren an. Mit »Eiszeit« ist schlicht gemeint, dass einer der Pole (oder beide) über lange Zeiträume vergletschert ist. Zwischen den Eiszeiten war es auf der Erde so heiß, dass in der Antarktis Palmen wachsen konnten.[38]

Oft meinen wir eigentlich eine Kaltzeit, wenn wir den Begriff »Eiszeit« benutzen. Eine Eiszeit umfasst sowohl Kalt- als auch Warmzeiten, in denen die Temperatur auf der Erde natürlichen periodischen Schwankungen unterworfen ist, solange nur die Pole mit Eis bedeckt sind. Im gegenwärtigen Eiszeitalter befinden wir uns in einer Warmzeit, dem sogenannten Holozän, das seit etwa 12 000 Jahren andauert. Wissenschaftlerinnen und Wissenschaftler vermuten, dass wir mit dem anthropo-

Korngrößen des Bodens

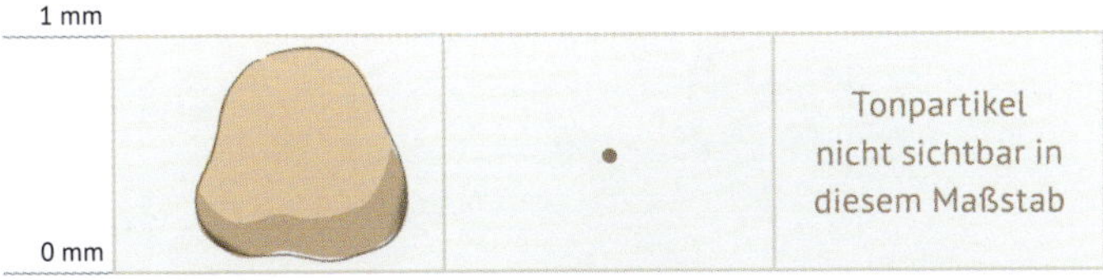

Sand	Schluff	Ton
0,063 mm bis 2 mm	*0,002 mm bis 0,063 mm*	*< 0,0002 mm bis 0,002 mm*

genen Klimawandel die nächste Kaltzeit, die rechnerisch in 50 000 Jahren ansteht, um weitere 50 000 Jahre nach hinten verzögern könnten.[39]

So weit, so gut – doch warum sprechen wir überhaupt über Eiszeiten?

Um Bodenentwicklung zu verstehen, müssen wir die klimatischen Umwälzungen auf der Erde im Hinterkopf behalten, denn sie haben einen direkten Einfluss auf die Art und Weise, wie sich heute unsere Ökosysteme zusammensetzen.

Jedem Boden liegt ein Ausgangsgestein zugrunde, aus dem er entstanden ist. Gesteine entstehen durch Vulkanismus, Druck, hohe Temperaturen, Verwitterung und Erosion. Man könnte also sagen, dass unsere Böden durch das Zusammenschmelzen von Gestein entstehen, durch die Umwandlung von Mineralstrukturen unter extremen Umwelteinflüssen, durch den langsamen, aber stetigen Abrieb von Wind und Wasser und durch die Aufschichtung feinster Partikel an völlig neuen Orten.

Je nachdem, wie das örtliche Ausgangsgestein beschaffen ist, können Böden sehr unterschiedlich ausfallen. Je älter die Ablagerungen sind, desto basen- und kalkärmer sind sie. Daher spricht man in Mitteleuropa von nicht mehr als 10 Prozent

Bodenübersichtskarte Deutschland

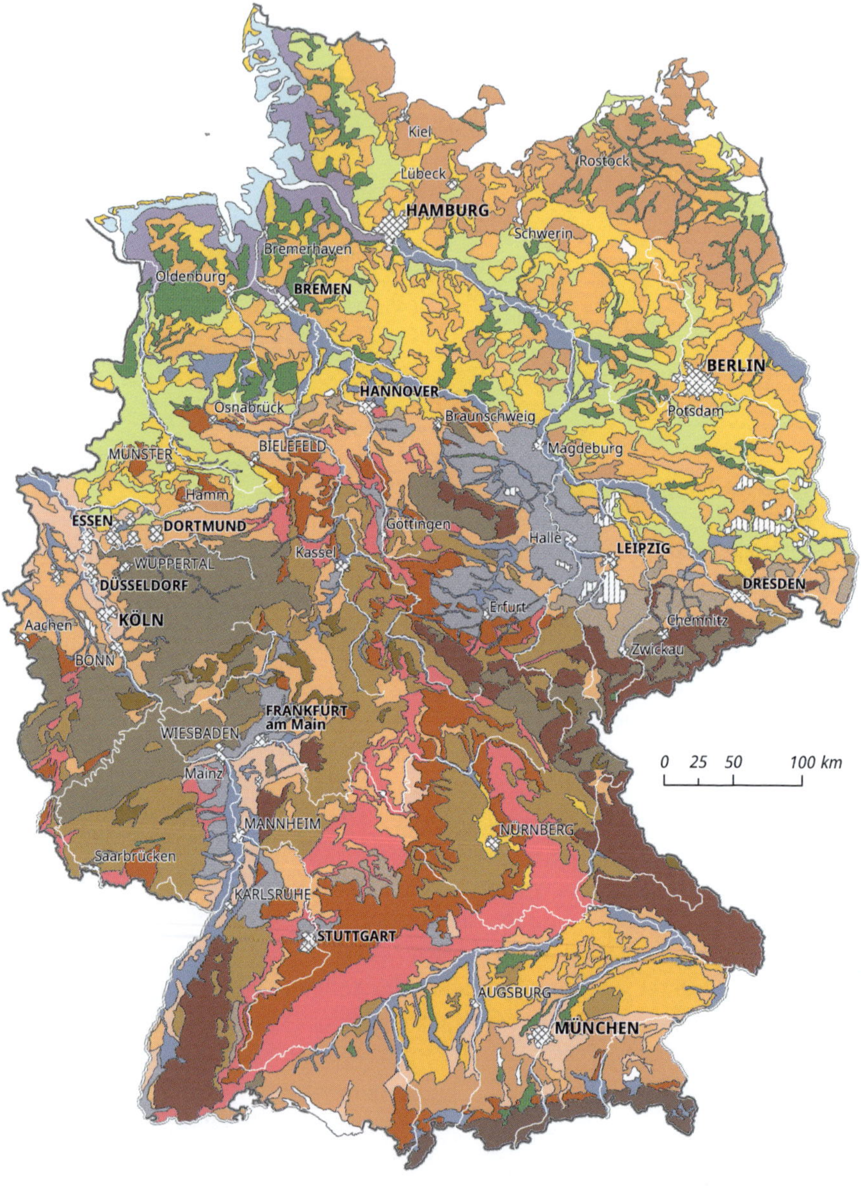

- Wattböden
- Marschböden
- Hoch- und Niedermoorböden
- Böden der Flussauen
- Böden der Flussterrassen und Hochflutsedimente
- Böden der Niederungen und Urstromtäler
- Böden aus lössvermischten Tertiärablagerungen
- Böden aus Geschiebelehm und Geschiebemergel
- Böden aus Geschiebelehm und Geschiebemergel mit sandiger Deckschicht
- Trockene Sandböden
- Schwarze Lössböden
- Braune Lössböden, einschließlich Sandlöss und lössähnliche Sedimente
- Staunasse Lössböden
- Böden aus Kalk-, Mergel- und Dolomitgesteinen
- Böden aus Mergel- und Tongesteinen
- Böden aus basischen und intermediären magmatischen und metamorphen Gesteinen
- Böden aus sauren bis intermediären magmatischen und metamorphen Gesteinen
- Böden aus Ton- und Schluffschiefern
- Böden aus kalkfreien Sedimentgesteinen und Quarziten
- Böden des Hochgebirges
- Siedlungsflächen
- Bergbauflächen
- Gewässerflächen

basenreichen Festgesteinen. Die restlichen 90 Prozent bestehen aus Ablagerungen der vorhergehenden Eiszeiten und sind entsprechend nicht mehr sehr gehaltvoll.[40]

Um Böden und Ökosysteme vor der eigenen Haustür zu verstehen, lohnt sich ein Blick auf die lokale Bodenbeschaffenheit – hierzu findet man Übersichtskarten wie die vom deutschen Umweltbundesamt,[41] die einen ersten Eindruck davon vermitteln, welche Bodenart bzw. welches Ausgangsgestein vorliegt.

Wenn wir als Beispiel einen Blick auf Wershofen, den Standort unserer Waldakademie, werfen, so sehen wir, dass die Böden hier aus über 350 Millionen Jahre altem Ton- und Schluffschiefer bestehen. Geologisch betrachtet gehört der Standort bei uns zum rheinischen Schiefergebirge, das hauptsächlich von Ton-, Sandsteinen und Schiefer gekennzeichnet ist. Der benachbarte Aremberg wiederum ist jungen vulkanischen Ursprungs und enthält viel Basalt, das bei der Aufschmelzung des Erdmantels vor über zwei Millionen Jahren entstanden ist. Die daraus entstehenden Böden sind sehr nährstoffreich. Daraus ergeben sich lokal auf kleinem Raum unterschiedliche Bodenbeschaffenheiten, die sich wiederum auf die natürliche Zusammensetzung der Pflanzengesellschaften auswirken – also darauf, was für Baum- und Pflanzenarten natürlicherweise an dem Standort wachsen, sofern der Mensch nicht eingreift und das Ökosystem aktiv verändert.

Um unseren Waldboden als Lebensraum zu begreifen, müssen wir dessen Beschaffenheit genauer betrachten. Böden setzen sich aus unterschiedlich großen Teilchen zusammen. Man spricht hier von Korngrößen. Die gröbste Korngröße sind Steine, dann folgen Kies, Sand, Schluff und zuletzt Ton, der aus ganz feinen Partikeln besteht. Wer schon einmal Ton geformt und geknetet hat, weiß, wie geschmeidig dieser ist und wie viel Wasser er in seinen feinen Poren halten kann, woraus sich seine Knetfähigkeit ergibt. Reiner Sand besteht aus groben Partikeln, die sich nicht zusammenfügen lassen. Meistens bestehen unsere Böden aus einem Gemisch von Sand, Schluff und Ton. Sind sie zu ungefähr gleichen Anteilen im Boden vorhanden, nennt man das ganze Lehm – das, was klassischerweise unter unseren Stiefeln kleben bleibt, wenn wir über ein frisch umgegrabenes Beet laufen.

Der Waldboden besteht jedoch zum entscheidenden Teil aus einer weiteren Komponente: dem Humus.

Man beschreibt in der Bodenkunde unterschiedliche Humusformen: vom Mull, der den idealen Waldboden darstellt, bis zum nassen, luftarmen Torf, in dem kaum biologische Aktivität stattfindet. Der ideale Waldboden ist fein krümelig, gut durchfeuchtet, mit ausreichender Basensättigung und Durchlüftung, hoher biologischer Aktivität und einer großen Artenvielfalt, die das organische Material fleißig in den Boden einarbeitet und somit eine hohe Fruchtbarkeit herstellt.

Unsichtbare Artenvielfalt

In einer guten Humusschicht tummelt sich das Leben. Völlig zu Recht spricht man davon, dass eine Handvoll Waldhumus zehnmal mehr Lebewesen enthält, als es Menschen auf der Erde gibt. In einem gesunden Waldboden teilen sich verschiedenste Organismen ganz unterschiedliche Aufgaben.

Den größten Anteil machen die Bakterien aus – sie stemmen Dreiviertel der Biomasse. Hier liegt auch auf der Hand, warum ein Großteil des Bodenlebens noch gar nicht erforscht ist. Es geht hier um Lebewesen, die mit ungefähr einem Mikrometer Größe für unser bloßes Auge völlig unsichtbar sind. Geschätzte 86 Prozent aller Arten an Land und 91 Prozent aller Arten in den Weltmeeren sind noch gar nicht bekannt.[42] Bakterien zersetzen organischen Abfall, halten Nährstoffe im Boden und sind sogar in der Lage, Schadstoffe zu filtern. Darüber hinaus dienen sie als Nahrung für höher entwickelte Lebewesen und erhöhen insgesamt die Bodenqualität.

Pilze durchziehen den Waldboden wie ein feines Netz. Ein einziger Teelöffel Walderde kann mehrere Kilometer Pilzfäden enthalten. Über 90 Prozent aller Landpflanzen stehen mit

Pilzen in Verbindung und gehen Symbiosen mit ihnen ein. Sie zersetzen organische Substanz, sogar schwer abbaubare wie Holz. Genau wie die Bakterien sind sie wiederum »lebende Nährstoffspeicher« und können für die Pflanzen wichtige Stoffe im Boden fixieren. Arbeiten Pilze mit Bäumen zusammen, können sie sogar Bodeninsekten töten, zersetzen und die Nährstoffe an die Bäume weiterleiten.

Die feinen Poren im Boden sind von einem Wasserfilm umgeben, in denen kleine Einzeller leben. Amöben, Geißel- und Wimperntierchen schwimmen munter durch das Bodenwasser und ernähren sich von Bakterien, anderen Einzellern, organischem Material und Pilzen. Auch hier ist die schiere Menge an Einzellern sehr schwer vorstellbar: In einem einzigen Teelöffel guten Bodens können rund eine Million dieser Einzeller unterwegs sein.

Die Einzeller weiden die Bakterienpopulationen im Boden ab und regulieren somit die Bestände. Auf diese Weise setzen sie erneut für die Pflanzen verfügbare Nährstoffe frei.

Einzeller, z.B. Wimperntierchen

Auch von der nächstgrößeren Kategorie der Bodentiere können mehrere Hundert Tiere in einem Teelöffel Boden unterwegs sein, die wir immer noch nicht mit bloßem Auge erkennen können. Die Rede ist von Fadenwürmern, auch Nematoden genannt.

Sie ernähren sich wiederum von den kleineren Lebewesen und geben auf diese Weise Nährstoffe ab, die die Pflanzen gut gebrauchen können.

Die ersten Tierchen, die sich mit bloßem Auge gut erkennen lassen, sind sportlich unterwegs: Sie können einen für ihre kleine Körpergröße erstaunlichen Satz machen, indem sie sich mit ihren Springgabeln am Hinterleib in die Höhe katapultieren.

Springschwänze tummeln sich in der Streuschicht des Waldes wie auch in tieferen Bodenschichten und können sowohl durchsichtig-weißlich als auch bunt pigmentiert sein und längliche oder kugelige Körperformen haben. Das Lieblingsfutter von Springschwänzen ist altes Laub, das sie in kleine Teile zernagen und so für eine erste Zerkleinerung des Pflanzenmaterials sorgen, das beständig auf den Waldboden fällt.

Ein Springschwanz im Laubwald

Probier's aus:

Bodentiere kann man hervorragend mit einer Becherlupe untersuchen. Sammele dafür ein wenig von der Streuschicht ein, oder drehe vorsichtig Blätter und Äste um, um einzelne Bodentiere einzufangen. Durch die Lupe kann man die kleinen Bodenlebewesen im Becher sehr gut beobachten. Springschwänze sind mit 0,1 bis 9 Millimetern so groß, dass wir sie bei ihren Weitsprüngen gut erkennen können.

Asseln haben wir alle schon einmal gesehen. Doch es lohnt sich, genauer hinzublicken: Sie sind kleine Krebstiere, die an Land leben, aber einen beständigen Wasserfilm im Boden benötigen, um über ihre Kiemen atmen zu können. Auch sie verspeisen Pflanzenmaterial wie herabfallende Laubblätter und scheiden frischen Humus aus.

Auch Gliederfüßler wie Hundert- und Tausendfüßler, Spinnen und Milben zersetzen in Fleißarbeit das organische Material und vermischen es in ihrem Darm mit kleinen Mikroorganismen. Sie wirken für die kleinsten Lebewesen im Boden wie ein Taxi, das sie von einer Stelle zur anderen transportiert – etwas, was Bakterien und Pilze alleine nicht schaffen würden. Sie sind also ebenfalls entscheidend für die Durchmischung der Mineralien im Boden, für die Entstehung von Humus, und sie erleichtern mit ihrer groben Zerkleinerung des Pflanzenmaterials den kleineren Kollegen die Arbeit.

Wenn wir über Bodentiere sprechen, dürfen wir die Regenwürmer natürlich nicht vergessen. In unserem Ökosystem sind sie wichtiger Bestandteil des Bodenlebens und tragen mit ihren Kanälen zur Durchlüftung und Bewässerung des Bodens bei. Außerdem ziehen sie organisches Material in ihre Gänge und stellen kleineren Bodentieren in tieferen Schichten frisches Futter zur Verfügung. In ihren Därmen wird der perfekte Humus gemischt: Bodenteilchen, organische Substanz und kleine Mikroorganismen werden zu einem nährstoffreichen Brei verarbeitet, über den sich die Pflanzenwurzeln freuen, wenn sie ihren Weg in einen der vielen Wurmgänge im Boden finden.

Unser bekannter Regenwurm gehört übrigens nicht in alle Ökosysteme auf dieser Erde. Vermutlich von Anglern in Nordamerika eingeschleppt, sorgt er dort als invasive Art für große Veränderungen im Ökosystem, indem er die dick aufliegende Streuschicht in den Wäldern plötzlich viel schneller zersetzt, als es bisher für die dort lebenden Organismen (einschließlich Pflanzen) normal war und woran sie angepasst waren. Man nennt dieses Phänomen auch »Global Worming«.[43]

Das Bodenleben im Wald ist wie ein fein abgestimmtes Orchester: Alles greift ineinander und ergibt ein riesiges und komplexes Gesamtkunstwerk, das nur zusammen und als Ganzes Sinn ergibt. Auf dieses Orchester sind die Bäume abgestimmt und angewiesen.

Verändert sich der Boden plötzlich durch eine Überfahrt mit einer schweren Maschine oder Sonneneinstrahlung aufgrund gefällter Bäume, hat das weitreichende Auswirkungen auf das Gesamtkunstwerk: Die einzelnen Komponenten funktionieren nicht mehr richtig. Doch dazu später mehr.

Exkurs: Biodiversität

Biodiversität – was ist das eigentlich? Häufig wird Biodiversität mit Artenvielfalt gleichgesetzt. Dabei ist die Artenvielfalt nur ein kleiner Teilaspekt der Biodiversität. Letztere lässt sich in drei Bereiche unterteilen:

Die genetische Vielfalt

Im Kapitel »Licht und Schatten«, (siehe S. 64), haben wir bereits über die Unterschiede zwischen Monokulturen und natürlichen Wäldern gesprochen. Ein großes Unterscheidungsmerkmal zwischen menschengemachtem Wald und natürlichem Wald ist die genetische Vielfalt. Sie ist ein wichtiger Baustein, wenn es darum geht, wie sich Waldökosysteme an äußere Einflüsse – wie beispielsweise den Klimawandel – anpassen können. Aber was ist die genetische Vielfalt überhaupt? Vereinfacht gesagt handelt es sich dabei um abweichende genetische Informationen bei ein und derselben Art. Wenn man sich hier einmal einen Buchenwald als Beispiel ansieht, wird man sehen, dass Bäume etwa unterschiedliche Stammformen haben, unterschiedlich mit Trockenheit umgehen oder abweichende Blattformen aufweisen. Insbesondere in natürlichen Waldökosystemen ist die genetische Vielfalt besonders groß. Und das ist auch sehr wichtig – denn wie wir bereits gelernt haben, können Bäume viele Hundert Jahre alt werden. Da sie ihr gesamtes Leben an dem Ort verbringen müssen, an dem einst der Samen gekeimt ist, müssen sie über die Jahre auch mit wechselnden Umwelteinflüssen zurechtkommen.

Die Vielfalt an Biotopen und Ökosystemen

Dieser Teilbereich der Biodiversität ist selbsterklärend. Hier geht es um die Variation an Biotopen und Ökosystemen. Im Wald können das Totholz,

bestimmte Baumstrukturen, intakte Böden und vieles mehr sein.

Artenvielfalt

Die Artenvielfalt beschreibt die Anzahl an verschiedenen Arten – an dieser Stelle wollen wir ein häufiges Missverständnis ausräumen. Das in den letzten Jahren sehr prominent gewordene »Bienensterben« bezieht sich nicht auf die Honigbiene, die selbst in renommierten Medien öfter als Symbol für den Verlust von Artenvielfalt herhalten muss. Dabei ist die Honigbiene nichts anderes als ein Mastschwein – also ein vom Menschen gezüchtetes »Nutztier«. Bedroht sind unsere Wildbienen, die wie andere Insektenarten, die von unterschiedlichen Pflanzen abhängig sind, auch mit Honigbienen um das Nahrungsangebot konkurrieren. Wenn es also um den Erhalt der Biodiversität geht, dann ist das Aufstellen von Bienenstöcken sogar häufig kontraproduktiv. Aber der Begriff Bienensterben ist auch insofern irreführend, als dass nicht nur Wildbienen betroffen sind. Auch viele andere Tier- und Pflanzenarten verzeichnen einen Rückgang. Wir haben also kein Bienensterben, sondern ein Artensterben. Und das betrifft nicht nur die Anzahl der Arten, sondern auch deren Masse. Das zeigen Forschungen aus Schutzgebieten, die zu dem Ergebnis kommen, dass die Gesamtmasse der Insekten in Deutschland seit dem Jahr 1989 um über 75 Prozent zurückgegangen ist.[44] Das heißt auch, dass Schutzgebiete nicht ausreichend schützen. Als Hauptursache wird aktuell der Einsatz von Pestiziden in der Landwirtschaft diskutiert. Eine Studie aus dem Jahr 2021 hat eine Vielzahl von Pestiziden in beprobten Naturschutzgebieten nachgewiesen, die von landwirtschaftlich genutzten Flächen stammen.[45]

Wie speichert der Boden Wasser?

Boden besteht aus mineralischen und organischen Komponenten, Bodenorganismen und den Bodenporen, also den Hohlräumen zwischen den festen Bodenpartikeln. Diese Anordnung, auch Bodengefüge genannt, kann sehr unterschiedlich ausfallen, je nach den Ausgangskomponenten. Quellungs- und Schrumpfungsprozesse im Boden können dazu führen, dass sich Bodenteilchen zu sogenannten Aggregaten zusammenballen.[46]

Der ideale Zustand des Waldbodens ist das sogenannte Krümelgefüge, dessen Aggregate durch mineralische Bodenteilchen, Algen, Bakterien, Pilzfäden und Humus zusammengehalten werden. Je feiner die Poren sind, desto besser können sie Wasser speichern.

Verdichtet der Mensch den Boden durch Befahren mit Maschinen, wird dadurch das Gefüge verändert. Der Boden wird innerhalb von Sekunden durch Gewicht und Vibration komprimiert und im oberen Bereich verschmiert. Wird das Bodengefüge verändert, so hat das unmittelbare Auswirkungen auf die Wasserspeicherfähigkeit und Nährstoffverfügbarkeit. Die feinen Poren im Boden werden zusammengedrückt und sind kaum noch in der Lage, einen Wasserfilm zu halten. Auch die Durchlüftung nimmt stark ab, sodass Bodentierchen, aber auch Baumwurzeln ersticken.

Verschieden große Bodenpartikel bilden zusammen das sogenannte Bodenaggregat, indem sie sich zu kleinen Häufchen zusammenballen. Mehrere solcher Aggregate bilden zusammen das Bodengefüge, das neben den Bodenteilchen auch Hohlräume enthält, in denen sich Luft und Wasser befinden. Diese Hohlräume sind sehr wichtig, da dort die Pflanzenwurzeln hineinwachsen können und hier der Stoffaustausch stattfindet. Gleichzeitig sind sie auch der ideale Lebensraum für die kleinsten Bodentiere.

Die Bäume und Pilze ziehen mit ihren feinen Haarwurzeln und Hyphen das Wasser aus den Bodenporen. Mit dieser feinen Durchwurzelung des Bodens tragen Bäume zur Wasserspeicherfähigkeit des Bodens bei. Da die Feinwurzeln der Bäume immer wieder absterben und neu gebildet werden, hinterlassen sie feine Kanäle im Boden, deren Hohlräume sich mit Wasser füllen können. Ein Quadratmeter intakter Waldboden ist in der Lage, 200 Liter Wasser zu speichern. Auf diese Weise können Baumwurzeln (bei geeigneten Bodenbedingungen) auch zum Hochwasserschutz beitragen, da sie die Wasserspeicherfähigkeit des Bodens enorm erhöhen.

Die Durchwurzelung wirkt an Hängen auch Erosion entgegen, weil sie das Erdreich zusammenhält. Die Bäume puffern mit ihrer Krone einen Großteil des Niederschlages ab, der durch Blätter und Nadeln deutlich gebremst auf den Waldboden auftrifft und dort sogar schon zum Teil verdunstet. So kann sich der Boden vollsaugen, ohne von der Geschwindigkeit und Masse des Regens weggeschwemmt zu werden.[47]

Bodenstruktur [48]

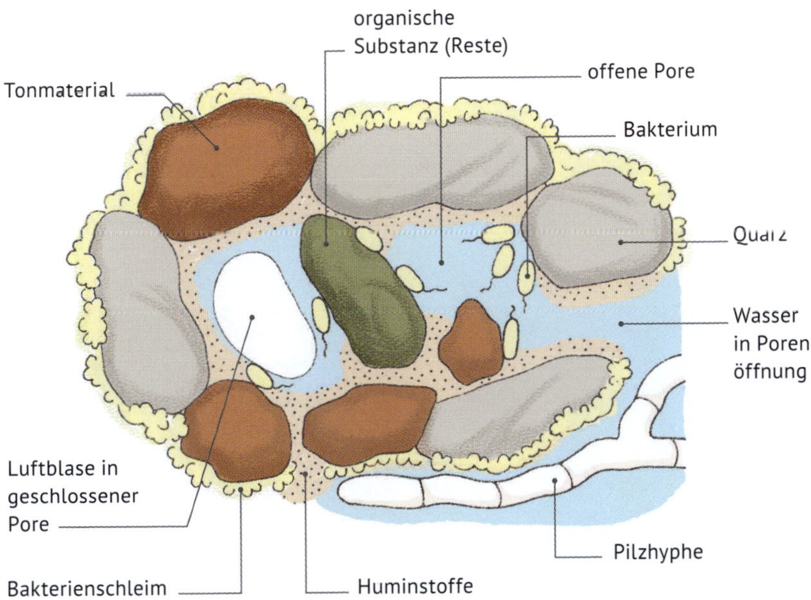

Kapitel 6

AUF DEN SPUREN DER WALDTIERE

Ein singender Vogel, ein scheues Reh oder sogar ein Hirschrudel – ob bewusst oder unbewusst: Bei jedem Waldspaziergang begegnen wir wilden Tieren. Wenn du deine Sinne etwas schärfst, wirst du überrascht sein, was du alles entdecken kannst. Deshalb wollen wir dir in diesem Kapitel helfen, unsere wilden Mitbewohner besser zu verstehen und ihre Spuren im Wald zu entdecken.

Die richtigen Fragen stellen

Genau wie wir Menschen haben auch die Waldtiere einen Alltag. Fuchs, Reh, Eichhörnchen und Co. müssen sich ständig darum kümmern, dass sie ein geschütztes Zuhause haben, dass sie etwas in den Magen bekommen, dass sie ihren Durst stillen, Feinde abwehren, auf Partnersuche gehen, den Nachwuchs aufziehen, schützen und satt bekommen. Zudem müssen sie auch mal Streitigkeiten mit den Nachbarn austragen. Während die Waldtiere diesen Geschäften nachgehen, hinterlassen sie jede Menge Spuren. Auch wenn wir die Tiere selbst nicht oder nur flüchtig zu Gesicht bekommen, können wir über die Spuren, die sie hinterlassen, Anteil an ihren Geschichten nehmen. Das Fährtenlesen gleicht der Detektivarbeit, bei der man Puzzleteile sammelt, die sich nach und nach zu einem Bild, einer Erzählung zusammenfügen. So können wir das Leben des Tieres über seine Spuren nachverfolgen.

Beim Sammeln der Puzzleteile begleiten uns Fragen. Das Fragenstellen ist das Kerninstrument, um dem Tier und seiner Geschichte auf die Spur zu kommen. Dabei gibt es kein Richtig oder Falsch. Alles, was gerade in den Sinn kommt und die Neugier weckt, ist erlaubt. Warum war der Fuchs hier? Was hat er gemacht? Wie schnell war er unterwegs? Wann war er hier? Wie lange bleibt die Spur bestehen, und wie war eigentlich das Wetter während der letzten Tage? Wo fühlt sich ein Fuchs überhaupt wohl, und was frisst er am liebsten?

Über diese Fragen gelangt man irgendwann vom Tier auch zu der Landschaft, in der es lebt, zu den Pflanzen, die es frisst, den Bäumen, unter denen es Schutz sucht, sodass man über das Fährtenlesen automatisch auch in die Welt der Wildkräuter, die Baum-, Landschafts- und Wetterkunde einsteigen kann. Es wird schnell klar, dass da draußen ein riesiges Netzwerk geknüpft ist, in dem alles mit allem zusammenhängt und in das auch wir eintauchen können.

Um Antworten auf unsere Fragen zu finden, können wir natürlich in Büchern oder im Internet stöbern, uns Dokumentationen anschauen oder Expertinnen und Experten interviewen. Ebenso hilfreich, dabei gleichzeitig aber auch nachhaltiger ist es jedoch, sich bewusst in das Tier hineinzuversetzen und sich auf seine Ebene zu begeben, um von ihm zu lernen. Denn wer könnte ein besserer Lehrmeister sein als das Tier selbst, dem wir uns nähern möchten? Im ersten Schritt können wir dabei wieder bei uns selbst ansetzen und uns vorstellen, wir würden draußen in der Wildnis in eine Survivalsituation geraten. Für diesen Fall gibt es eine bestimmte Reihenfolge der Grundbedürfnisse, um die man sich kümmern sollte, um in und mit der Natur gut (über-)leben zu können:

- Schutz
- Wärme/Feuer
- Wasser
- Nahrung

Zuerst würden wir uns also einen Unterschlupf suchen oder bauen, in dem wir vor der Witterung geschützt sind. Um uns warm zu halten, um Wasser abzukochen und Nahrung zuzubereiten, ist ein Feuer essenziell. Anschließend gehen wir auf die Suche nach Trinkwasserquellen und widmen uns zum Schluss der Nahrungssuche.

Da Wildtiere absolute Survivalprofis sind, die rund um die Uhr draußen mit der Natur leben, verfolgen auch sie diese Grundsätze. Um nicht nur zufällig, sondern gezielt auf die Spur des Fuchses zu stoßen, könntest du dir also folgende Fragen stellen:

- Wo könnte ein Fuchs Schutz suchen/finden?
- Wo oder wie könnte ein Fuchs Wärme suchen/finden?
- Wo könnte ein Fuchs Trinkwasser finden? Braucht er überhaupt fließendes Wasser?
- Wo könnte ein Fuchs Nahrung finden?
- Was frisst ein Fuchs überhaupt?

STECKBRIEF FUCHS

Äußerliche Merkmale und Wissenswertes:

- gehört zur Familie der Hundeartigen
- Rücken und Flanken meist orangebraun, aber viele Farbvarianten bis hin zu schwarz möglich (je weiter nördlich sowie im Winter meist dunkler)
- Hals, Brust und Bauch meist weiß/grauweiß
- Schulterhöhe: 34 bis 50 Zentimeter
- Alter: bis zu 15 Jahre

Schutz:

Von Natur aus ein Fuchsbau mit Hauptröhre und Kessel, zur Sicherheit mehrere Fluchtausgänge. Gerne auch in Dachsbauen, manchmal sogar (in verschiedenen Etagen) mit Dachsen zusammen. In Städten anstelle von eigenen Bauen auch Scheunen oder Komposthaufen.

Lieblingsnahrung:

- vor allem Mäuse und Regenwürmer, aber auch:
- Früchte und Beeren
- kleine Vögel, Tauben, Hühnervögel und deren Eier
- junge oder geschwächte ausgewachsene Hasen, Rehkitze, aber nur, wenn es nicht zu viel Energie kostet
- Insekten
- Aas
- Futter für Haustiere und Essensreste, wenn sie draußen liegen

Wo findet der Fuchs Trinkwasser?

- nimmt Flüssigkeit über Nahrung auf
- schleckt aus Pfützen oder Tau auf den Wiesen
- In den heißesten Stunden des Tages verkriecht er sich an einem schattigen Plätzchen und hält Siesta, damit er nicht unnötig Wasser verbraucht.

Lebensweise und Vorlieben:

- Paarungszeit: Dezember bis Februar
- Geburt der jungen Füchse (meist 3–6): März/April
- können als Einzelgänger leben, aber auch in Familiengruppen, bestehend aus Elterntieren, dem Nachwuchs aus dem aktuellen und dem Vorjahr und ggf. weiteren Füchsen
- Weibliche Füchse markieren ihr Revier wie eine Hündin in hockender Position, Männchen heben hingegen wie ein Hund das Hinterbein.
- Füchse sind sehr kommunikativ und verfügen über eine eigene Sprache, die aus vielen verschiedenen Lauten besteht: In der Paarungszeit kann man ein heiseres Bellen (Ranzbellen) hören, Auseinandersetzungen zwischen Rüden werden von Keckerlauten begleitet, will sich ein Fuchs unterwürfig zeigen, winselt er hoch.
- Füchse spielen gerne und fordern ihre Artgenossen, ähnlich wie Hunde, mit zu Boden gedrücktem Oberkörper und in die Luft gerecktem Schwanz zum Spielen auf.

Besondere Jagdstrategien:

- Mäusejagd: Wenn ein Fuchs eine Maus gehört oder gerochen hat, springt er in einem hohen Bogen in die Luft und schnappt sich die Maus zielgenau, auch durch eine hohe Schneedecke hindurch.
- Rabenjagd: Um Rabenvögel anzulocken, stellt sich der Fuchs für die Aasfresser tot und schnappt sich den Vogel, wenn er gerade beginnen will zu fressen.
- Igeljagd: Um Igel dazu zu zwingen, sich aufzurollen, werfen Füchse sie ins Wasser.
- Kaninchenjagd: Um Kaninchen zu erbeuten, tollen Füchse wild in der Gegend herum und geben vor, den Kaninchen keine Aufmerksamkeit zu schenken, während sie sich immer weiter annähern.

Tipp

Journal schreiben – Suche dir ein Tier oder eine Pflanze aus, über die du mehr erfahren möchtest. Nimm dir Blatt und Stift und setze dich (gerne auch draußen) hin, um dich dieser Art zu widmen. Welche Fragen stellst du dir? Was weißt du bereits über das Tier/die Pflanze? Welche Geschichten erzählt man sich über das Tier/die Pflanze? Sammle Informationen aus Büchern, dem Internet, Dokumentationen, aber auch aus deinen eigenen Erfahrungen. Vielleicht magst du das Tier/die Pflanze, einzelne Bestandteile oder Spuren einmal zeichnen, um so deinen ganz individuellen Steckbrief über dein Tier/deine Pflanze zu fertigen. Die aufgeschriebenen Informationen bleiben so viel länger haften.

Mythos: Der böse Wolf

Die einen lieben ihn, die anderen hassen ihn – beim Thema Wolf scheiden sich die Geister. Ist in Deutschland wirklich kein Platz mehr für den Urvater unserer Haushunde? Seit Anfang des 21. Jahrhunderts fühlt sich der Wolf bei uns wieder zunehmend wohl, nachdem er seit Ende des 19. Jahrhunderts als ausgestorben galt.[49] In den Jahren 2021 und 2022 konnten durch ein aufwendiges Wolfsmonitoring 161 Rudel, 43 Wolfspaare und 21 Einzeltiere bestätigt werden, die dauerhaft in Deutschland unterwegs sind. Das macht rund 1000 Wölfe.[50] Ganz schön viele, oder?
Nach einer Studie im Auftrag des Bundesamtes für Naturschutz bietet Deutschland – ausgehend von einer durchschnittlichen Reviergröße von 200 Quadratkilometer – Platz für 700 bis 1400 Wolfsreviere, also um die 10 000 Wölfe, sodass die Kapazitäten noch lange nicht ausgeschöpft sind.[51] Gleichzeitig steigt mit jedem Wolf aber auch das Konfliktpotenzial. Allerdings ist für Deutschland seit Rückkehr des Wolfes kein tödlicher Angriff und auch keine aggressive Annäherung von Wölfen an Menschen dokumentiert.[52] Eine Studie aus 2022 zeigt zudem, dass Wölfe Straßen, Siedlungen und menschliche Bereiche, wann immer möglich, meiden.[53] Im Vergleich können jedoch jährlich mehrere Tausend Angriffe von Haushunden auf Menschen, von denen durchschnittlich drei tödlich verlaufen, verzeichnet werden.[54] Auch was ihre Nahrung betrifft, bevorzugen Wölfe die natürliche Variante, sodass Rehe mit über 50 Prozent am häufigsten in den Mägen der Wölfe landen, während »Nutztiere«, wie Schafe, nur 1,6 Prozent ihrer Nahrung ausmachen.[55]
Auch wenn sie keinen hundertprozentigen Schutz gewährleisten können, haben sich ausreichend hohe Elektrozäune oder Herdenschutzhunde als effektive Maßnahme gegen Wolfsangriffe bewährt. Natürlich ist und bleibt der Wolf ein Beutegreifer, dem man mit Vorsicht begegnen sollte, der aber natürlicherweise zu unserem Ökosystem gehört. Sollte man diesen scheuen Tieren tatsächlich einmal live begegnen und sie nicht ohnehin schon das Weite suchen, hilft es in der Regel, sich langsam zurückzuziehen und in die Hände zu klatschen oder laut zu rufen, sodass die Tiere irritiert davonlaufen.

Verwechslungspartner: Trittsiegel Fuchs vs. Haushund

Fuchs:

- schmale, längliche Form
- Zehen nach vorne ausgerichtet
- Außenzehen berühren die Innenzehen nicht (siehe Hilfslinie)
- spitze, feine Krallen
- typischer »Balken« im Mittelfußballen

Hund:

- eher gedrungene, breite Form
- Außenzehen zeigen häufig leicht nach vorne
- Außenzehen befinden sich häufig auf Ebene der Innenzehen (siehe Hilfslinie)
- stumpfe, massiv wirkende Krallen
- großer Mittelfußballen ohne »Balken«

Rotfuchs
(Vulpes vulpes)

Hund
(Beispiel)

Tipp

Spuren finden – Um gezielt Spuren zu finden, kannst du dir natürliche Spurenfallen zunutze machen, in die viele Wildtiere beim Bestreiten ihres Alltags früher oder später hineintappen. Schau doch mal in deiner Umgebung an folgenden Stellen nach, ob du Fußabdrücke, Kot oder Haare finden kannst:

- **Maulwurfshügel**
- **Kuhfladen**
- **Stacheldraht**
- **Pfützen oder matschige Randstreifen an Feldwegen**

Wildwechsel

Eine deutliche Spur, die uns die Waldtiere hinterlassen, sind sogenannte Wildwechsel. Auch hier ist es günstig, sich in die Tiere hineinzuversetzen. Grundsätzlich bevorzugen es die meisten großen Säugetiere, sich so durch das Gelände zu bewegen wie wir selbst. Wenn wir durch den Wald streifen, benutzen wir am liebsten vorhandene Wege – hier bekommt man keine nassen Füße durch hohes Gras, und das Gehtempo ist höher, weil es wenig Stolperfallen in Form von Ästen oder Brombeerranken gibt.

Auch die Waldtiere haben keine Lust, sich durch dichtes Gestrüpp zu schlagen oder lauter Hindernisse in Form umgefallener Bäume bei ihren Streifzügen durch den Wald zu überwinden, da dies sehr kräftezehrend ist, das Verletzungsrisiko steigt und eine schnelle Flucht erschwert wird. Deutlich energiesparender und angenehmer ist es da, Wege zu nutzen. So findet man im Wald ein regelrechtes Netz aus Trampelpfaden, das die Waldtiere über viele Jahre, manchmal sogar Jahrzehnte, angelegt haben. Übrigens nutzen die Tiere als Survivalprofis natürlich auch das, was bereits vorhanden ist, und laufen auf den von uns Menschen angelegten Wander- und Forstwegen, wenn wir gerade nicht in Sicht sind. Es gibt keine separaten Pfade für Wildschweine, Hirsche und Füchse, sondern sie trampeln die Pfade gemeinschaftlich aus und teilen sich das Wegenetz.

Bei vielen Wildpfaden könnte man den Eindruck gewinnen, dass sie sich zufällig durch den Wald ziehen. Doch auch hier leben die Tiere nach dem Motto: Keine Energie verschwenden! Deswegen verlaufen die Wechsel (wie sie auch genannt werden) in Hanglagen meist parallel zum Gefälle oder nur leicht an- oder absteigend – genau wie wir Menschen es planen würden. Häufig befinden sich am Ende des Weges lohnende Stellen, wie etwa ein Bachlauf, eine Wiese mit saftigen Wildkräutern oder eine dichte Hecke, in der man sich vor einem Regenschauer schützen kann. Es lohnt sich also, diesen Wechseln einmal zu folgen, um in die Welt der Waldtiere einzutauchen.

Gerade von Rudeltieren wie Wildschweinen und Rothirschen wird dieses Wissen häufig an den Nachwuchs weitergegeben

und überdauert über viele Generationen, sodass die Wildwechsel nicht selten mehrere Jahrzehnte lang genutzt werden. Deshalb ist es auch so gefährlich, wenn eine Straße neu durch ein Waldgebiet gebaut wird. Streng genommen kreuzt dann nicht ein Wildwechsel die Straße, sondern eine Straße einen Wildwechsel. Hier passieren besonders viele Unfälle.

Spurenfalle Wildwechsel

Da die Wildwechsel von vielen Tieren im Wald regelmäßig genutzt werden, können wir dort ständig Spuren finden. Halte einmal Ausschau nach:

- Fußabdrücken
- Schlammspritzern und Haaren an den Pflanzen rechts und links vom Weg (Wildschweine schütteln sich nach dem Schlammbad gerne mal)
- Schleifspuren auf quer liegenden Baumstämmen, die von den Hufen stammen, wenn sie beim Darübersteigen nicht hoch genug angehoben wurden

Mythos: Aggressive Wildschweine

Häufig wird, vor allem im Frühjahr, vor Wildschweinangriffen gewarnt. Aber wie hoch ist die Gefahr, von einem Wildschwein angegriffen zu werden, tatsächlich? Wie die meisten Wildtiere sind auch Wildschweine von Natur aus nicht aggressiv. Angriffe und Kämpfe sind äußerst kräftezehrend, daher bevorzugen die sensiblen Tiere, wann immer möglich, den Rückzug. Manchmal verstecken sie sich sogar nur wenige Meter neben dem Wanderweg im dichten Gebüsch und verharren dort ganz still und ruhig, bis wir vorbeigezogen sind. Belastbare Daten zu Wildschweinangriffen in Deutschland gibt es nicht. Durchstöbert man allerdings die Medien, sind es häufig Jägerinnen und Jäger, die von angeschossenen Wildschweinen angegriffen werden. Stell dir vor, dich erwischt eine Kugel und der Verursacher setzt dir auch noch nach. Wahrscheinlich wärst du dann auch nicht die Ruhe selbst, oder? Selbst Bachen mit ihren Frischlingen sind grundsätzlich nicht auf Krawall gebürstet und verteidigen ihre Kleinen nur, wenn sie keinen anderen Ausweg sehen. Da Wildschweine, wie alle Wildtiere, eine äußerst feine Wahrnehmung haben, gibt es auch zahlreiche Berichte von Spaziergängern, bei denen die Bache ganz ruhig geblieben ist, da sie offenbar keine Gefahr für sich und ihren Nachwuchs erkannt hat.
Weil sich die Paarungszeit mittlerweile nicht mehr auf die Wintermonate beschränkt, sondern über das ganze Jahr erstreckt, gibt es auch keine Zeit, in der besondere Vorsicht geboten ist. Wer aufmerksam durch die Natur streift, wird jedoch ein Gefühl dafür entwickeln, wann die Zeit gekommen ist, den Rückzug anzutreten. In der Regel warnen Tiere uns auf vielfältige Weise und in verschiedenen Stufen vor, wenn ihnen eine Situation zu unangenehm wird.
Steht einem ein lautstark schnaubendes Wildschwein gegenüber, das den kurzen Schwanz aufstellt, den Kopf hin und her wirft und mit den Zähnen klappert, würde wohl niemand freiwillig weiter in seine Richtung gehen. Dann heißt es ruhig bleiben, sich langsam entfernen und dabei laut in die Hände klatschen.
Wenn Wildschweine in der Nähe sind oder waren, kannst du das sogar riechen. Dann durchzieht ein kräftiger Duft nach Maggi den Wald.

Rabenvögel

Affen fühlen sich in unseren Wäldern zwar nicht wohl, aber auch in unseren Gefilden können wir einer Tierfamilie begegnen, die mindestens ebenso faszinierend ist und die es mit der Intelligenz von vielen Primaten locker aufnehmen kann – die Familie der Rabenvögel. Hierzu zählt der Kolkrabe ebenso wie Raben-, Nebel- und Saatkrähe, Eichelhäher, Tannenhäher, Elster, Dohle und die Alpendohle. Einige der Arten meistern, genau wie Menschenaffen, das bekannte Spiegelexperiment mit Bravour. Die Tatsache, dass die Vögel ihr eigenes Bild im Spiegel erkennen können, bedeutet gleichzeitig, dass sie ein Bewusstsein für sich selbst als eigenständige Persönlichkeit haben. Nicht nur aus diesem Grund, sondern auch, weil sie Werkzeuge gezielt nutzen, in die Zukunft denken können, zudem fähig sind, langfristige Beziehungen einzugehen, eine eigene Sprache haben, sich gegenseitig trösten und untereinander sogar Namen verwenden, haben Forschende ihnen zu Recht den Spitznamen »Affen der Lüfte« gegeben.

Obwohl Vögel sich von ihrer äußeren Erscheinung her grundlegend von uns unterscheiden, sind sie uns in ihrer Wahrnehmung und der Lebensweise zum Teil viel ähnlicher als die meisten großen Säugetiere im Wald. Während Fuchs, Reh, Dachs & Co. die Welt häufig nur in den Farben Blau und Nicht-Blau wahrnehmen, sich vielfach auf ihre Nase verlassen und häufig die Nacht zum Tage machen, sehen die meisten Vögel die Welt sogar noch farbenfroher als wir, kommunizieren in erster Linie über eine hörbare Sprache und beenden ihren Tag mit der untergehenden Sonne. So erhöht sich die Chance immens, live an ihrem Alltag teilnehmen zu können und nicht nur ihre Spuren zu entdecken. Zudem bieten uns die Vögel einen Einblick in die Welt der Dinosaurier, denn sie selbst sind die letzten Überlebenden. Als einzige Dinosaurier haben einige Vorfahren der modernen Vögel den Asteroiden-Einschlag vor rund 66 Millionen Jahren überlebt, weil sie nach aktuellem Kenntnisstand eher in buschigen Gebieten oder auf dem Meer lebten, zudem recht schnell Nachkommen großziehen konnten und möglicherweise durch weitere Anpassungen, wie eine gute Wärmeisolierung oder eine körnerbasierte Ernährung, überlebensfähig waren. Für den Wald sah es durch den Asteroiden-Einschlag nicht gut aus, was auch ein großflächiges Aussterben der Tiere in den Wäldern nach sich zog.

Aber zurück zu den Rabenvögeln. Schauen wir uns ein paar dieser spannenden Vertreter der Flugdinos etwas genauer an.

Eichelhäher

Unverkennbar ist der krächzende Ruf dieses schönen Vogels mit den blauen Schmuckfedern, den er verlauten lässt, sobald jemand einen Fuß in den Wald setzt. Obwohl die Rufe der Rabenvögel vielleicht nicht besonders melodisch klingen, zählt man sie aufgrund ihrer Stimmgewalt zu den Singvögeln. Übrigens singen nicht nur die Singvögel – auch bei Spechtvögeln oder Eulen sprechen Ornithologen bei manchen Lautäußerungen von Gesängen. Aber zurück zum Eichelhäher: Die Wachsamkeit des Eichelhähers hat ihm auch den Spitznamen »Polizist des Waldes« eingebracht. Mit seinem Ruf warnt er nicht nur seine Artgenossen, sondern alle Tiere, zum Beispiel auch vor Jägerinnen und Jägern. Deshalb ist er in diesen Kreisen nicht immer beliebt.

Gleichzeitig ist der Eichelhäher bekannt für seine Imitation anderer Vögel, unter anderem des Mäusebussards. Vermutlich versucht er damit, andere Vögel fernzuhalten und einen Vorteil bei der Nahrungssuche zu haben – abschließend geklärt ist das Verhalten in diesem Fall allerdings nicht. Bei der Nahrungssuche und Lagerung ist der Eichelhäher sehr vorausschauend unterwegs. Ähnlich wie das Eichhörnchen legt auch er Vorräte für den Winter an, die vorrangig aus Eicheln, Bucheckern, aber auch anderen Sämereien und Nüssen bestehen können. Im Gegensatz zum Eichhörnchen kann sich der Eichelhäher jedoch an die Lage jedes einzelnen Verstecks genau erinnern und dieses zielgenau anfliegen, sobald der Hunger kommt. Und es sind eine ganze Menge Verstecke, die sich dieser intelligente Vogel merken muss und kann, denn ein einziger Eichelhäher kann pro Saison mehrere Tausend Verstecke anlegen. Um über den Winter zu kommen, benötigt er allerdings in der Regel nur

ca. 1800 Eicheln. Aber man weiß ja nie, ob die Bäume im nächsten Jahr auch Samen liefern, daher geht der Eichelhäher lieber auf Nummer sicher.

Trotz dieses Übermaßes lässt er sich nicht gerne in die Karten schauen. Während er seine Verstecke anlegt, achtet er penibel darauf, dass er nicht beobachtet wird, und versucht nebenbei sogar noch, die Verstecke der Eichelhäher-Kollegen ausfindig zu machen. Ein echter Sicherheitsfanatiker eben.

Elster

Die meisten Rabenvögel sind sehr treue Gesellen und gehen lebenslange Ehen ein, wenn sie einmal einen Partner gefunden haben. So ist es auch bei den Elstern. Im Frühjahr bauen Herr und Frau Elster gemeinsam ein kugelförmiges Nest aus lauter Ästen, hoch oben in der Baumkrone. Das Nest verteidigen sie anschließend gemeinsam gegen Eindringlinge wie Eichhörnchen, Greifvögel oder auch andere Elstern, die auf Partnersuche sind. Die Elster-Männchen sind die Casanovas unter den Rabenvögeln – grundsätzlich treu, aber flirten gerne mal fremd, wenn sich die Gelegenheit ergibt. So kommt es vor, dass eine unbekannte Elster-Dame auf Partnersuche am Nest vorbeifliegt, während die Hausdame gerade ausgeflogen ist. Das Elster-Männchen nutzt dann gerne den Moment der Freiheit für einen flotten Flirt. Kommt Frau Elster schließlich zurück, gibt sich der kleine Casanova ganz empört und vertreibt eifrig die fremde Konkurrentin.

Hartnäckig hält sich zudem der Glaube, Elstern hätten es auf glänzende Objekte wie Schmuck abgesehen. Eine britische Studie hat jedoch belegt, dass Elstern sich von glänzenden Gegenständen überhaupt nicht angezogen fühlen. Im Gegenteil sind sie fremden Objekten gegenüber sogar eher misstrauisch. Wahrscheinlich ist es, wie so häufig, dass negative Ereignisse eher im Gedächtnis bleiben als positive, sodass sich die Geschichten von einzelnen Elstern, die sich einmal etwas Funkelndes geschnappt haben, ausgebreitet haben, während die unzähligen Elstern, die sich gar nicht dafür interessierten, nicht erwähnt wurden.[56]

Abb. links: Badender Eichelhäher

Verwechslungsgefahr: Elster- und Eichhörnchen-Nest

Elsternnest

- Kugelform
- besteht aus vielen Ästen, z.T. Wurzelwerk mit eingebaut
- nur lose »Haube« aus Ästen, die durchscheinend ist
- häufig in den äußeren Ästen von Baumkronen gebaut

Eichhörnchen-Nest (Kobel)

- Kugelform
- besteht aus Ästen, Laub, Nadeln, Moos etc.
- kann doppelt so groß wie ein Fußball sein
- häufig in Stammnähe oder stabilen Astgabeln gebaut

Kolkrabe

Unsere eigentlichen Raben, die Kolkraben (nicht zu verwechseln mit den Rabenkrähen, die deutlich kleiner sind), nehmen es mit der Treue im Vergleich zu den Elstern sehr ernst. Das geht sogar so weit, dass sich Kolkraben zeit ihres Lebens keinen neuen Partner mehr suchen, wenn der bisherige verstorben ist. Da diese großen schwarzen Rabenvögel teilweise über 20 Jahre alt werden, ist das für ihre Vermehrung äußerst ungünstig. Diese Loyalität hat in der Vergangenheit fast zum Aussterben der geheimnisvollen Vögel geführt, da man jahrhundertelang intensiv Jagd auf sie gemacht hat und es reichte, einen der beiden Partner zu schießen.

Wie alle Rabenvögel ernähren sich auch Kolkraben von Aas. Man hatte sie darüber hinaus jedoch im Verdacht, dass sie auch lebende Milchkühe zur Strecke bringen können, um sie zu verspeisen. Auch wenn Kolkraben sehr findig sind, sind selbst Kälbchen eine Nummer zu groß für sie, sodass sie völlig zu Unrecht beschuldigt und an die Grenze des Aussterbens gebracht wurden.

Heute hat sich der Bestand der etwa Mäusebussard-großen Vögel glücklicherweise wieder erholt, und wir können überall in Deutschland das markante, dunkle »Kra-Kra-Kra« der Kolkraben hören.

Was in unseren Ohren wie simples Krächzen klingt, ist für die schwarzen Vögel eine komplexe Unterhaltung, denn bei Kolkraben konnte man eine eigene Sprache nachweisen, die aus etwa 80 verschiedenen Rabenvokabeln besteht.[57] Außerdem hat jeder einzelne Rabe seinen individuellen Ruf, oder anders gesagt: seinen eigenen Namen, den sich die Rabenkollegen über Jahre hinweg merken können. Haben sich die Raben länger nicht gesehen oder gehört, lässt man als Kolkrabe einfach den eigenen Namen ertönen, und die anderen wissen Bescheid, wer da im Anflug ist. Für die Antwort gibt es zwei Möglichkeiten: ein helles Krächzen, à la: »Hey, schön, dass du wieder da bist!« Oder ein dunkles Krächzen, von wegen: »Och nö, nicht der schon wieder!«[58] [59] [60]

Das ist bei uns Menschen übrigens nicht anders – der Grad der Sympathie spiegelt sich genauso in der Tonhöhe der Begrüßung.

Probier's aus:

Wir Menschen sind Augentiere, die 80 Prozent ihrer Umwelt mit den Augen wahrnehmen. Unseren Blick haben wir in der Regel auf den Boden oder eben auf Augenhöhe gerichtet. Dabei entgehen uns nur allzu oft die spannenden Dinge, die über unseren Köpfen passieren, wie zum Beispiel das bunte Treiben der Vogelwelt. Wie wäre es da mit einem Perspektivwechsel, ohne dass der Nacken dabei steif wird? Nimm doch bei deinem nächsten Waldspaziergang einen Handspiegel mit nach draußen. Mit diesem kleinen Hilfsmittel kannst du ganz leicht die Perspektive wechseln und beobachten, was in den Baumwipfeln los ist. Experimentiere gerne herum und halte den Spiegel direkt unter deine Nase oder etwas weiter weg. Was ändert sich? Was passiert über dir? Welche Farben, Formen, Überraschungen kannst du entdecken? Falls du dabei weiterspazierst, vergiss nicht, ab und zu noch mal einen Blick auf den Boden zu werfen.

Exkurs: Vogelsprache

Am Beispiel von Eichelhäher und Kolkrabe sehen wir, wie ausgeklügelt die Vogelsprache ist. Und nicht nur unter der jeweiligen Art oder den Vögeln im Allgemeinen wird diese Sprache verstanden, auch alle anderen Tiere im Wald können sie in ihren Grundzügen verstehen. Wir können die Vogelsprache daher auch als eine universelle Wald- und Wiesensprache bezeichnen, die alle Tiere da draußen für sich nutzen. So werden auch die großen Säugetiere wachsam und verschwinden in ein sicheres Versteck, wenn der Eichelhäher seinen Ruf verlauten lässt. Um zu verhindern, dass Füchse und Rehe Wind von uns bekommen, müssen wir die Vogelwelt mit ins Boot holen. Gelingt es uns, uns so durch die Natur zu bewegen, dass wir uns das Vertrauen der Vögel erarbeiten und sie keinen Warnruf ablassen, können wir auch den anderen Tieren viel näher kommen.
Das Gute ist, dass auch wir diese Wald- und Wiesensprache immer noch verstehen. Auch wir haben ein Gefühl dafür, wann ein Vogel entspannt ist und seinen Alltagsaufgaben nachgeht und wann er in Alarmbereitschaft ist. Mit ein bisschen Übung können wir die Körpersprache und Zeichen der Tiere immer besser deuten und werden dadurch immer mehr Teil ihrer Welt.

Spechte

Mit völlig anderen, aber nicht weniger spannenden Gewohnheiten und Lebensweisen stellen die Spechte eine eigene Ordnung innerhalb der Vögel dar und gehören nicht zur Ordnung der Singvögel. In Deutschland können wir neun verschiedene Spechtarten antreffen. Neben den bekannten Bunt-, Grün- und Schwarzspechten gibt es auch noch Arten wie Klein- und Mittelspecht, Grau- oder Dreizehenspecht, Weißrückenspecht und den Wendehals, die alle unterschiedliche Vorlieben haben.

In erster Linie sind Spechte jedoch für typische Trommel- und Hackgeräusche bekannt. Das zaghafte, eher unrhythmische Hacken kommt vom Stochern an und in Bäumen oder abgestorbenen Ästen. Dabei suchen die Tiere Insekten, die im Holz leben. Die Trommelwirbel, vor allem im Frühjahr zu hören, dienen der Reviermarkierung und der Anlockung von potenziellen Partnern. Im städtischen Bereich wird manchmal in Ermangelung von toten Ästen auch eine Satellitenschüssel genutzt – Hauptsache, der Klang trägt weit.

Aber wie ist es überhaupt möglich, ständig auf Holz oder anderen harten Materialien mit einer Geschwindigkeit von rund 25 Kilometern pro Stunde herumzuhämmern, ohne Kopfschmerzen zu bekommen? Ein Blick auf den Schädelaufbau der Spechte liefert uns die Antwort. Das Gehirn sitzt bei Spechten nicht direkt hinter dem Schnabel, sondern ein Stückchen darüber, sodass die Stöße beim Hämmern nicht direkt an das sensible Organ weitergeleitet werden. Zudem sitzt das nur wenige Gramm wiegende und recht kleine Gehirn ganz fest im Kopf der Spechte und wabert bei Stößen nicht in einer Flüssigkeit herum, wie es bei uns Menschen der Fall ist. Die Muskulatur schützt die Spechte zusätzlich vor Verletzungen. Darüber hinaus schließen Spechte bei jedem Schnabelhieb die Augen, wie wir beim Niesen, damit sie durch die enormen Kräfte nicht aus den Augenhöhlen rutschen und keine Holzspäne hineingeraten. Es handelt sich beim Schädel der Spechte nicht um einen Stoßdämpfer, der Vergleich mit einem Hammer ist deutlich zutreffender, wie aktuelle Studien darlegen.[61]

Ein weiteres markantes Körperteil der Spechte sind ihre Füße. Während bei den Singvögeln drei Zehen nach vorne und nur eine Zehe nach hinten weist, sind es bei den Spechten jeweils zwei Zehen, die nach vorne und hinten ausgerichtet sind (mit Ausnahme des Dreizehenspechts). Das ermöglicht es ihnen, geschickt am Baum hinauf- und wieder herabzuklettern.

Neben den Gemeinsamkeiten hat jede Spechtart aber auch ihre besonderen Vorlieben, von denen wir uns ein paar einmal genauer anschauen wollen.

Schwarzspecht

Unser größter Specht in Deutschland liebt alte Buchenwälder, ist etwa so groß wie eine Krähe und ebenso samtig schwarz, trägt jedoch eine rote Kappe auf dem Kopf (zumindest die Männchen, bei den Weibchen ist es ein kleiner roter Fleck am Hinterkopf). Als einziger Specht bevorzugt er es, seine Höhlen in vermeintlich gesunde Bäume, bevorzugt alte Buchen, zu hämmern. Es wird allerdings vermutet, dass der Schwarzspecht Schwachstellen im Baum ausfindig machen kann, die ihm die Arbeit erleichtern. Denn eine Höhle in das gesunde, kräftige Holz einer Buche zu hämmern, ist Schwerstarbeit.

Um sich die Kräfte einzuteilen, pickt der Schwarzspecht häufig gleich mehrere Bäume an und schafft so Eintrittspforten für Pilze und Bakterien, die sich sofort ans Werk machen. Sie futtern sich durch das Holz und machen es weicher und nehmen dem Specht damit einiges an Arbeit ab. Diese Arbeitsteilung kann jedoch dazu führen, dass die Fertigstellung einer Schwarzspechthöhle mehrere Jahre benötigt. Daher hat der Schwarzspecht meist mehrere Höhlen in petto. Sollte mal keine geeignete Höhle vorhanden sein, schafft er es sogar, sein Werk innerhalb von wenigen Wochen zu vollenden. Tausende rund zehn Zentimeter lange frische Holzspäne rund um den Stamm sind die Zeichen dieser Plackerei.

Da die Pilze auch nicht aufhören, sich ins Holz hineinzufressen, sobald der Schwarzspecht seine Höhle fertiggestellt hat, wird sie im Laufe der Jahre immer größer – und irgendwann zu groß für den Specht. Der Boden wird nämlich auch immer tiefer, sodass die Küken nicht mehr aus der Höhle hinauskämen, wenn sie flügge werden. Das spürt der Specht und brütet in solchen Höhlen von diesem Zeitpunkt an nicht mehr. Nach seinem Auszug überlässt er seine Wohnung einer Vielzahl an Nachmietern, die sich einer nach dem anderen häuslich darin einrichten. So freuen sich beispielsweise Hohltauben, Waldkäuze, Stare, Dohlen, Fledermäuse oder Hornissen über den Auszug des Spechts.

Für die Kohlmeise, die ebenfalls in Höhlen brütet, ist die Gefahr, in diesen überdimensionierten Behausungen von einem Buntspecht erwischt zu werden, zu groß. Grundsätzlich bevorzugen kleinere Vogelarten daher alte Höhlen von kleineren Spechtarten wie Bunt- oder Mittelspecht oder kleistern, wie der Kleiber, die zu großen Einfluglöcher kurzerhand mit Lehm auf die passende Größe zu.

Doch auch wenn Schwarzspechte zum Wohnen und Schlafen alte Buchenwälder bevorzugen, kann man sie regelmäßig in Fichtenmonokulturen antreffen. Denn dort finden sie Futter in Hülle und Fülle in Form von Borkenkäfern und Ameisenpuppen. Wenn man bedenkt, dass ein einziger Schwarzspecht pro Tag circa 3000 Insekten fressen muss, kann er sich dort an einem reichhaltigen Buffet bedienen.

Mittelspecht

Im Gegensatz zum Schwarzspecht scheut der Mittelspecht die harte Arbeit und baut nicht gerne selbst. Er sucht sich häufig bereits vorhandene Höhlen oder baut seine eigenen Höhlen allenfalls in morschen Stämmen alter Bäume. Dadurch ist die Lebenszeit seiner Bleibe stark begrenzt, sodass sich der Mittelspecht nicht selten jedes Jahr eine neue Höhle suchen oder bauen muss.

Eine Spezialität einiger Spechtarten (vor allem Buntspecht und teilweise Mittelspecht)[62] ist das sogenannte Ringeln im Frühjahr, bei dem die Vögel uns eine ganz markante Spur hinterlassen. Bei dieser Aktion hat es der Mittelspecht auf den süßen Baumsaft abgesehen. Im März, kurz vor dem Laubaustrieb, wenn der Wasserdruck in den Baumstämmen am höchsten ist, fliegt der schwarz-rot-weiße Specht bevorzugt junge Bäume mit einer glatten Rinde, etwa Buchen oder Hainbuchen, an und pickt kleine Lochreihen in die Rinde, sodass der süße Saft austreten kann, den der Vogel dann mit seiner Zunge aufschleckt.

Dabei ist der Mittelspecht äußerst akribisch und pickt darunter weitere Lochreihen in die Rinde. Das Spielchen geht so weiter, bis er die Rinde oft auf mehreren Metern Höhe auf die Art »verziert« hat. Hat der Mittelspecht eine ergiebige Zuckerquelle gefunden, kehrt er gerne immer und immer wieder zu ihr zurück, sodass beim Baum regelrechte Schmucknarben entstehen.

Ein praktischer Nebeneffekt für den Specht ist, dass auch viele Insekten, wie etwa Ameisen, von dem süßen Duft des Baumsaftes angelockt werden. So kann er sich nach dem süßen Snack gleich noch ein Proteinhäppchen gönnen.

Buntspecht

Der Buntspecht ist der Verwechslungspartner des Mittelspechts. Er ist allerdings etwas größer und hat im Gegensatz zum Mittelspecht keine rote Kappe, sondern nur einen roten Nackenfleck beim Männchen und eine gänzlich schwarze Kappe beim Weibchen. Auch was die Gewohnheiten betrifft, unterscheiden sich die beiden Spechtarten. Während der Mittelspecht ein treuer Bewohner alter Wälder ist, lässt sich der Buntspecht auch am Futterhäuschen im Garten oder in Parkanlagen blicken. Typische Erkennungsmerkmale sind neben dem schnellen und plötzlich endenden Trommeln kurze und scharfe »kix«-Geräusche, sodass Buntspechte auch ohne Sichtung einfach wiederzuerkennen sind.

Insekten angelt der Buntspecht sich regelrecht aus dem Stamm. Mit seiner langen, an der Spitze mit Widerhaken versehenen Zunge kann er die Sechsbeiner aus den Baumritzen ziehen. Ergänzend zur Ringelung von Bäumen ist für den Buntspecht das Aufmeißeln von Zapfen in Rindenspalten, der sogenannten Spechtschmiede, typisch (siehe Infokasten S. 134).

Fraßspuren an Fichtenzapfen

Wenn du im Wald angeknabberte Fichtenzapfen findest, kann dir die Art und Weise, wie sie angefressen sind, ebenso wie ihre Position verraten, welches Tier es sich hat schmecken lassen. Eichhörnchen, Mäuse und alle Vögel haben ihre eigenen speziellen Werkzeuge, und entsprechend unterschiedlich sehen die Zapfen nach der Bearbeitung auch aus. Während Eichhörnchen eher etwas gröber vorgehen und viele Fransen stehen lassen, futtern Mäuse die Zapfen häufig sehr gründlich ab und hinterlassen eine gleichmäßige, dünne Zapfenspindel. Zudem bevorzugen Eichhörnchen einen erhöhten Futterplatz, etwa einen Baumstumpf, von dem aus sie alles im Blick haben, während Mäuse am liebsten direkt vor ihrem Mäuseloch speisen, um bei Gefahr schnell einen sicheren Unterschlupf zu haben.

Buntspechte wissen sich auch ohne Pfoten und Zähne zu helfen und klemmen die Zapfen einfach in Risse und Furchen der Baumrinde ein, um anschließend wild darauf herumzuhacken. Wenn du also einen zerfledderten Fichtenzapfen findest, der in einer alten Eiche steckt, weißt du, wer dort am Werk war. Man spricht hierbei sogar von einer Spechtschmiede, da der Specht wie ein kleiner Handwerker vorgeht.

Der Fichtenkreuzschnabel hingegen hat ein besonderes Werkzeug in petto, um an die nahrhaften Fichtensamen zu kommen, die sich unter den Schuppen verstecken: Mit seinem gekreuzten Schnabel schlitzt er die Deckschuppen einfach auf und pickt die Samen heraus.

Das Vertrauen der Vögel gewinnen

Über die erstaunliche Intelligenz der Vögel haben wir bereits einiges gelernt. Ebenso wie wir Menschen können auch Vögel sich menschliche Gesichter merken; das haben Forschende bei Untersuchungen mit Rabenvögeln herausgefunden. Entsprechend vorsichtig und respektvoll sollten wir uns den Vögeln nähern. Begeben wir uns bei unseren Entdeckungen auf eine gemeinsame Ebene mit den Vögeln und beobachten deren Verhalten, werden wir unterschiedliche Verhaltensweisen und Stimmungen der Vögel erkennen.

Vermeidest du ein unnötiges Aufschrecken der Vögel, wirst du schnell feststellen, wie nah ein Vogel dich herankommen lässt, bevor er sich gestört fühlt. Dabei solltest du besser auch nicht auf den Vogel zeigen, da die Tiere dich durch diese Geste mit einer Jägerin oder einem Jäger verwechseln könnten – und das wäre für die Vertrauensbildung wirklich kein guter Start.

Einen entspannten Vogel kannst du daran erkennen, dass er sich beispielsweise mit dem Fressen beschäftigt, sich nicht hektisch bewegt und dich einfach nicht beachtet. Solltest du feststellen, dass der Vogel nervös ist, nimm doch einfach einen anderen Weg und zieh dich langsam zurück.

In einem Notizheft kannst du die Verhaltensweisen je nach Situation festhalten und über einen längeren Zeitraum dokumentieren. Das ermöglicht dir, viel über die Vögel und deren individuelle Persönlichkeit zu lernen.

Eine weitere Methode zur Vertrauensbildung ist die Unterstützung der Vögel in deinem Garten oder auf deinem Balkon durch entsprechende Nist- oder Ruheplätze und durch Fütterung der Vögel über das ganze Jahr. Ja – leider müssen wir mittlerweile das ganze Jahr über Vögel füttern, weil das Nahrungsangebot zu knapp geworden ist und viele Vogelarten dadurch gefährdet sind. Einen schönen Nebeneffekt hat die zusätzliche Fütterung: Es sind wunderbare Beobachtungen möglich, und die Vögel lassen eine Nähe zu, die wir ansonsten von den eher scheuen Tieren nicht erwarten.

Lassen wir uns also von der Schönheit und Vielfalt der Vogelwelt begeistern und gehen wir respektvoll mit diesen wundervollen Lebewesen um, werden sie es vielleicht mit einer vertrauten Begegnung belohnen. Durch Achtsamkeit und Verständnis wird der Aufbau einer harmonischen Verbindung möglich.

4

5

6

1 Tannenmeise
2 Nachtigall
3 Rotkehlchen
4 Eichelhäher
5 Gimpel
6 Zaunkönig

Kapitel 7

ESSBARES AUS WALD UND WIESE

Viele Pflanzen in unseren Breiten sind genießbar. Zugegeben, nicht alles, was man essen kann, schmeckt auch, und man sollte sich vor dem Verzehr zu 100 Prozent sicher sein, dass es sich wirklich um eine genießbare Pflanze handelt, aber du wirst überrascht sein, wie vielfältig das Nahrungsangebot in der Natur ist. Das Beste daran: Die Früchte der Natur sind gratis und meist sogar noch gesünder als die Lebensmittel aus dem Supermarkt. Wenn du ein paar Grundregeln beachtest, kannst auch du von diesem reichhaltigen Angebot profitieren.

Warum Wildkräuter sammeln?

In einem idealen Naturwald finden wir im Sommer nur wenige Wildkräuter – es ist schlicht zu dunkel unter dem dichten Kronendach von Rotbuche, Eiche und Co. Viele unterschiedliche und blühende Kräuter am Wegesrand oder sogar im Waldbestand selbst sind ein Hinweis darauf, dass der Mensch künstliche Lichtlücken geschaffen hat, die kleine Lebensrauminseln für Arten hervorbringen, die natürlicherweise am halbschattigen Waldrand oder aber in der Offenlandschaft vorkommen.

In Kapitel »Im Wald«, S. 63, haben wir den Mythos der Strauchschicht entlarvt. Blühende Pflanzen – mit Ausnahme der Frühblüher – sind auf Insekten angewiesen und im Offenland zu Hause.

Doch die Situation unserer bewirtschafteten Wälder und Forste in Deutschland zeigt ein anderes Bild auf: An Wegrändern leuchten roter Fingerhut, Drüsiges Springkraut und Fuchssches Greiskraut in Purpur-, Violett- und Gelbtönen. Am Waldrand tummeln sich Giersch, Knoblauchsrauke, Taubnessel und Gundermann, und in lichten Bereichen wuchern Brombeeren und Brennnesseln. Die bunte Blütenpracht täuscht eine Natürlichkeit vor, die in den übernutzten Wirtschaftswäldern leider nicht mehr vorhanden ist.

Was für den Wald kein optimaler Zustand ist, können wir uns jedoch zunutze machen – viele der waldnahen Wildpflanzen sind für uns Menschen genießbar und können unseren Speiseplan enorm aufwerten. Unser Kulturgemüse ist im Laufe der Jahrtausende züchterisch sehr verändert worden. Bitterstoffe wurden gezielt herausgezüchtet, und man hat nach Geschmack, Größe, Konsistenz, Farbe und Robustheit selektiert. Das bedeutet, dass viele wertvolle Pflanzeninhaltsstoffe ebenfalls aus unserem Kulturgemüse verschwunden sind. In Wildpflanzen liegen sie in ihrer reinen und unveränderten Form vor und trumpfen mit einem Vielfachen an Nährstoffen auf.

Vergleich von Inhaltsstoffen Wildpflanzen mit Kulturgemüse

Wildkraut/Nährstoffe	Wasser	Kalium	Phosphor	Magnesium	Calciu
Bärenklau	79,8	540	125	75	320
Brennnessel	84,8	410	105	71	630
Gänseblümchen	87,5	600	88	33	190
Giersch	-	-	-	-	-
Großer Wiesenknopf	-	-	-	-	-
Guter Heinrich	81,7	730	95	66	110
Huflattich	84,8	670	51	58	320
Knopfkraut	87,8	390	56	56	410
Löwenzahn	89.9	590	68	23	50
Sauerampfer	-	-	-	-	-
Schlangenknöterich	84	580	74	69	100
Schmalbl. Weidenröschen	75	450	94	81	150
Vogelmiere	91,5	680	54	39	80
Wegmalve	-	-	-	-	-
Weißer Gänsefuß	86,9	920	80	93	310
Weiße Taubnessel	-	-	-	-	-
Wiesenkerbel	-	-	-	-	-
Wilde Malve	82	450	95	58	200

Kulturgemüse/Nährstoffe	Wasser	Kalium	Phosphor	Magnesium	Calciu
Endiviensalat	94,3	346	54	10	54
Feldsalat	93,4	421	49	13	35
Grünkohl	86,3	490	87	31	212
Kopfsalat	95	224	33	11	37
Mangold	92,2	376	39	-	103
Spinat	91,6	633	55	58	126

Tabellen mit Gehaltsangaben von Wasser, Mineralstoffen, Vitamin C, Provitamin A (Carotin) und Reineiweiß, Wassergehalt in %, Mineralstoffinhalt in mg/100 g essbaren Anteils (Mittelwerte), Vitamin-C-Gehalt in mg/100 g essbaren Anteils (Mittelwerte), Provitamin-4-(Carotin-) Gehalt in Mikrogramm Retinoläquivalenten pro 100 g essbaren Anteils, Reineiweißgehalt in g/100 g essbaren Anteils

Eisen	Vitamin C	Provitamin A	Reineiweiß	Wildkraut/Nährstoffe
3,2	291	360	-	Bärenklau
7,8	333	740	5,9	Brennnessel
2,7	87	160	2,6	Gänseblümchen
-	201	684	6,7	Giersch
-	360	830	-	Großer Wiesenknopf
3,5	184	948	5,3	Guter Heinrich
3,8	104	250	-	Huflattich
14	125	595	-	Knopfkraut
1,2	115		3,3	Löwenzahn
-	117	215	2,8	Sauerampfer
3,9	-	-	-	Schlangenknöterich
2,7	351	490	-	Schmalbl. Weidenröschen
8,4	115	383	1,5	Vogelmiere
-	-	606	7.2	Wegmalve
3,0	236		4,3	Weißer Gänsefuß
-	-	539	4,1	Weiße Taubnessel
-	179	720	-	Wiesenkerbel
5,1	178	940	5,6	Wilde Malve

Eisen	Vitamin C	Provitamin A	Reineiweiß	Kulturgemüse/Nährstoffe
1,4	10	190	0,5	Endiviensalat
2	35	650	1.8	Feldsalat
1,9	105	680	3,0	Grünkohl
1,1	13	130	0,6	Kopfsalat
2,2	39	590	-	Mangold
4,1	52	700	2,5	Spinat

Quellen: Wildgemüse (Nr. 1182), herausgegeben von ald-Infodienst, Bonn, 1982
Wildkräuter in der Küche | Genuss pur | Erkennen, Ernten & Essen
hallo@unkraut-liebe.de | https://unkraut-liebe.de | Facebook UnkrautLiebe | Twitter unkraut_liebe | Instagram unkraut_liebe

Wenn wir einen Blick auf die Wildpflanzen werfen, wird sehr schnell deutlich, dass jede Art ganz besondere Vorlieben bezüglich ihres Standortes hat.

In der Übergangszone zwischen Landwirtschaft und Waldrand finden sich oft lichtliebende Wiesenpflanzen. Klassische Beispiele hierfür sind der Spitzwegerich, der Sauerampfer, die Schafgarbe oder der Löwenzahn. Ausschlaggebend sind die angrenzenden Flächen: Handelt es sich um extensiv genutzte Wiesen und Weiden oder um einen konventionell bewirtschafteten Maisacker? Die Antwort auf diese Frage hat einen unmittelbaren Einfluss auf das Artenspektrum.

Wenn wir Wildkräuter sammeln wollen, sollten wir zumindest darauf achten, dass die angrenzende Landwirtschaft nicht zu viele Fragen aufkommen lässt: Wie oft wird gedüngt? Werden die Felder gespritzt? Wenn ja, womit? Gülle, synthetischen Kunstdünger und Pestizide wollen wir natürlich nicht auf unseren Wildkräutern haben, die wir später mit in unsere Küche nehmen. Daher sollte man hier im Zweifel einen größeren Bogen um alle Flächen machen, die fraglich erscheinen.

Haben wir das Glück, eine wenig genutzte Wiese am Waldrand zu entdecken, ist die perfekte Sammelstelle gefunden.

Schafgarbe

Die Schafgarbe ist eine klassische Wiesenpflanze, die viel Licht benötigt und keine nassen Füße mag. Du erkennst sie an den feinen Fiederblättchen, den festen, kantigen Stängeln und den weiß bis rosafarbenen kleinen Korbblüten. Je nach Entwicklungsstadium ist der Geschmack würzig bis harzig, was sie zur idealen Würzpflanze macht. Du kannst sowohl die Blüten als auch die feinen Blättchen nutzen, um diese beispielsweise fein gehackt in eine Kräuterbutter zu geben. Als alte Heilpflanze hat die Schafgarbe eine ähnliche Wirkung wie die Kamille und wirkt unter anderem beruhigend und entzündungshemmend.

Schafgarbe

Spitzwegerich

Auch der Spitzwegerich fühlt sich in der Wiese am wohlsten. Seinen Bruder, den Breitwegerich, finden wir auf verdichteten Böden, also meist mitten auf dem Feldweg. Du kannst sie beide gleichermaßen nutzen. Den Spitzwegerich erkennst du an den lanzettlich spitz zulaufenden Blättern und den parallel verlaufenden Blattnerven. Er hat unscheinbare grünlich-bräunliche Blüten mit einem Kranz aus weißen Pollen. Die Knospen haben im Frühjahr einen champignonähnlichen Geschmack, und die Blätter geben beim Kochen ein pilzähnliches Aroma ab. Der Spitzwegerich ist auch ein Erste-Hilfe-Kraut, wenn es einmal brennt und sticht: Der aus den Blättern geriebene Pflanzensaft wirkt schmerzlindernd auf Insektenstichen und Brennnessel-Quaddeln.

Probier's aus:

Sauerampfer ist die einzige Ampferart, die sauer schmeckt und genießbar ist. Er ist an der ledrig-glatten Blattoberfläche und der Pfeilform gut zu erkennen. Vorsicht aber an Waldrändern – hier könnte er im Frühjahr mit jungen Blättern des giftigen Aronstabs verwechselt werden! Die erfrischenden Blätter des Sauerampfers eignen sich als rohe Nascherei für zwischendurch, aber auch als Zutat für Salate, Suppen und Saucen. Wegen des Oxalsäuregehalts sollte er ähnlich wie Spinat oder Rhabarber jedoch nicht über lange Zeiträume in großen Mengen konsumiert werden.

Wandern wir von der Wiese unter die schattenspendenden Bäume des Waldrandes, so ändert sich das Bild: Hier wachsen Kräuter, die die pralle Sonne lieber meiden. Das sind im Übrigen auch Wildkräuter, die gerne in einer schattigen Ecke des Gartens wachsen. Wir betreten das Reich von Giersch, der Knoblauchsrauke, dem Gundermann, dem Frühlings-Scharbockskraut, der weißen Taubnessel und vielen anderen mehr.

Die Angst vor dem Fuchsbandwurm

Viele von uns wurden in dem Glauben erzogen, dass alles, was sich im Wald unter Kniehöhe befindet, verseucht ist vom »Fuchsbandwurm«. So haben viele als Kind zu hören bekommen: »Brombeeren nur dort sammeln, wo der Fuchs nicht hinkommt!« Doch wenn wir diese Regel auf Wildkräuter anwenden, dann schrumpft die Auswahl auf nahezu null, und wir könnten uns an dieser Stelle einem anderen Kapitel zuwenden. Was ist nun wirklich dran an der Geschichte?

Das Thema hat, wie vieles, zwei Seiten. Dass der Fuchsbandwurm hinter jeder Ecke im Wald auf uns lauert, ist ein Mythos, den wir getrost verwerfen dürfen.

Füchse markieren ihr Revier gerne mit ihrem Kot und setzen ihre Haufen an gut sichtbare Stellen. Hier gebietet der gesunde Menschenverstand schon, dass wir nicht in der Nähe von Tierkot sammeln – egal ob er von einem Fuchs, einem Wildschwein oder einem Vogel stammt. Von Natur aus lebt der Fuchsbandwurm als Parasit im Zyklus Maus – Fuchs. Falls er von einem Menschen aufgenommen wird, ist dieser ein Fehlwirt. Da die Infektion schwer und früher meist tödlich verlaufen ist (inzwischen kann man den Verlauf mit Medikamenten abmildern), ist das Thema entsprechend angstbesetzt.

Aber nicht überall, wo der Fuchs entlangläuft, klebt automatisch auch der Fuchsbandwurm an Blättern und Gräsern. Er ist im Fuchskot konzentriert, der bei landwirtschaftlichen Arbeiten (oder zu Hause beim Rasenmähen) aufgewirbelt werden kann. Man geht davon aus, dass die Hauptrisikogruppe vor allem Jägerinnen und Jäger sowie Landwirtinnen und Landwirte sind – und Menschen mit Hunden! Denn Hunde, die auch schon mal Mäuse jagen, gelten als eine der Hauptansteckungsquellen. Wer eine Infektion vermeiden möchte, sollte im Urlaub keine streunenden Hunde streicheln und den eigenen Vierbeiner regelmäßig entwurmen.[63] Wie bei allen anderen Infektionen auch macht aber letztlich die Dosis den entscheidenden Unterschied, und auch das Immunsystem hat hier ein Wörtchen mitzureden.

Es gibt wissenschaftliche Studien, die belegen, dass kein direkter Zusammenhang zwischen dem Verzehr von Pilzen, Wildkräutern und -beeren und einer Infektion mit dem Fuchsbandwurm nachweisbar ist.

Womit wir leben müssen: Es gibt immer ein kleines Restrisiko. Solche Risiken bestehen jedoch überall im Leben: Der Fuchs könnte genauso gut durch deinen Garten oder die Erdbeerkulturen vom Landwirt nebenan laufen. Wir halten an dieser Stelle fest, dass es durchaus größere Risiken für unsere Gesundheit gibt: zum Beispiel den ganz normalen Straßenverkehr. Die Infektion mit dem Fuchsbandwurm liegt in Deutschland ungefähr bei der Zahl der durch Blitzschlag betroffenen Menschen.[64] Wildkräuter und Beeren direkt im Wald zu verzehren ist also in dieser Hinsicht praktisch risikolos.

Wer trotz allem immer noch skeptisch ist: Ein Erhitzen über mehrere Minuten bei über 60 Grad Celsius tötet alles ab, was unerwünscht auf einem grünen Blatt kleben könnte.[65] Allerdings sollten wir bedenken, dass dadurch auch viele wertvolle Inhaltsstoffe, allen voran hitzeempfindliche Vitamine wie beispielsweise Vitamin C, ebenfalls zerstört werden – und davon haben Wildkräuter eine ungeheuer große Menge, deutlich mehr als unser gezüchtetes Kulturgemüse.

Giersch

Giersch ist ein Doldenblütler. In dieser Pflanzenfamilie haben die meisten Vertreter sehr ähnliche fiederblättrige Blätter und meistens weiße Doldenblüten – daher ist hier die Verwechslungsgefahr besonders hoch! Wendet man beim Giersch jedoch die 3-3-3-Regel an, ist man zusätzlich zu seinem typischen angenehm aromatischen Geruch nach Möhre und Petersilie auf der richtigen Seite:

1. Achte darauf, dass das Blatt dreiteilig ist.
2. Die drei Teile des Blattes sind in sich wiederum dreigeteilt.
3. Der Stängel ist dreikantig:

Im Querschnitt sieht er aus wie ein kleines Dreieck.

Als zusätzliches Erkennungsmerkmal kann man die Triebe des Gierschs aus dem Boden ziehen und das untere Ende des Stängels betrachten: Die Form erinnert an die zweiteilige Klaue einer Ziege (daher auch die landläufigen Bezeichnungen »Geißfuß« oder »Ziegenkraut«).

Am besten sammelst du die jungen, zarten Blätter des Gierschs, die über die ganze Vegetationsperiode unter den größeren Blättern nachwachsen. Du kannst ihn roh für Salate und Smoothies verwenden oder als Spinatersatz und Suppengrün.

Knoblauchsrauke

Die Knoblauchsrauke ist eines der Highlights der heimischen Wildkräuter. Wenn man darauf achtet, sieht man sie fast überall wachsen – sogar an Straßenrändern. Als Vertreterin der Kreuzblütengewächse hat sie kleine weiße Blüten mit vier Blütenblättern. Ihre Blätter sind im Jugendstadium rundlich bis nierenförmig. Je größer und älter die Pflanze wird, desto spitzer laufen die Blätter zu.

Der Name ist bei dieser Pflanze Programm: Sie hat einen unverkennbaren Geruch nach Knoblauch, der sie als Wildkraut für die Küche ungemein attraktiv macht. Aus ihr lassen sich köstliche Pestos zubereiten, oder aber man verwendet sie in der Kräuterbutter und als würzige Komponente im Salat. Erhitzen sollte man die Knoblauchsrauke allerdings nicht, wenn man das Knoblaucharoma erhalten möchte. Sie hat einen leicht bitteren Nachgeschmack.

Giersch

Knoblauchs-
rauke

Weiße Taubnessel

Als Vertreterin der Lippenblütengewächse besitzt die Taubnessel auffällige Blüten. Es gibt Taubnesseln in unterschiedlichen Blütenfarben, die sich bezüglich der Inhaltsstoffe jedoch nicht gravierend voneinander unterscheiden. Wie alle Lippenblütengewächse enthalten sie viele ätherische Öle und sind somit unseren bekannten Küchenkräutern wie Thymian oder Basilikum ähnlich. Taubnesselblätter haben einen erdig-pilzigen Geschmack, als Tee aufgegossen schmecken sie jedoch eher etwas süßlich. Man kann die Blätter Salaten und Gemüsefüllungen beimischen und die Blüten als hübsche, essbare Dekoration verwenden. Auch die Taubnessel ist eine geschätzte alte Heilpflanze.

Probier's aus:

Zupfe die länglichen Lippenblüten vorsichtig von der Pflanze und wirf einen Blick in die Blüte. Wenn du dort keine Ameise entdeckst (die lieben die süßen Blüten ebenfalls), kannst du einmal am unteren Ende der Blüte saugen. Wenn nicht kurz vor dir eine fleißige Hummel an der Blüte war, schmeckst du den süßen Nektar der Pflanze (die Taubnessel wird im Volksmund nicht umsonst auch »Bienensaug« genannt). Die Lippenblüten kannst du aber auch als Ganzes in den Mund stecken und essen. Sie werden gerne verwendet, um Salate, Desserts und Kuchen zu dekorieren.

Weiße Taubnessel

Gundermann

Beim Gundermann scheiden sich die Geister: Die einen lieben den herb-würzigen Duft der Pflanze, die anderen finden ihn eher abstoßend. Wie auch die Taubnessel gehört er zu den Lippenblütengewächsen. Er kriecht zum Teil in riesigen Teppichen über den Boden am Waldrand und erfreut uns im Frühsommer mit seinen violetten kleinen Blüten. Als vielseitig wirksame Heilpflanze hat man ihn in vergangenen Zeiten hoch geschätzt und ihm sogar magische Fähigkeiten nachgesagt: So sollte er vor dem »bösen Blick« von Hexen schützen und zu hellseherischen Fähigkeiten verhelfen.

Man erkennt den Gundermann an den rundlichen und am Blattrand gekerbten Blättchen. Die Blüten sitzen in den Blattachseln. Da der Gundermann sehr viel ätherisches Öl enthält, eignet er sich nur als Würzkraut oder für einen Teeaufguss. Besonders gut schmeckt er in Kombination mit Fett und Zucker, also zum Beispiel in einem deftigen Kartoffelsalat oder in einer Nachspeise. Probiere zu Hause unbedingt einmal aus, die Blättchen mit geschmolzener Schokolade zu überziehen! Dabei kommt das minzige Aroma des Gundermanns stärker zum Tragen – ein »Wiesen-After-Eight« also!

Frühlings-Scharbockskraut

Im zeitigen Frühjahr blüht an den Waldrändern das Frühlings-Scharbockskraut und streckt der wärmenden Frühlingssonne seine sternförmigen goldgelben Blüten entgegen. Zwar lässt sich dieser Frühblüher an den Blüten gut erkennen, fürs Sammeln ist es dann allerdings leider schon zu spät. Das Frühlings-Scharbockskraut ist eines der wenigen Wildkräuter, die man nur bis zur Blüte ernten kann. Das liegt am darin enthaltenen Protoanemonin, ein pflanzliches Toxin, dessen Gehalt in den Blättern mit der Blüte sprunghaft ansteigt. Aber keine Angst – falls du erst nach ein, zwei genaschten Blättchen bemerkst, dass die Pflanze doch schon blüht, brauchst du dir noch keine Sorgen um deine Gesundheit zu machen. Allerdings sollten keine größeren Mengen mehr verzehrt werden – das wirst du vermutlich auch auf den Schleimhäuten spüren.

Gundermann

Frühlings-
Scharbockskraut

Aufgrund seines nussig-scharfen Geschmacks und des Vitamin-C-Gehalts ist das Scharbockskraut ein sehr attraktives Frühjahrskraut, das sich gut fürs Pesto oder den Rohkostsalat eignet. Die kleinen Blätter sind herz- bis nierenförmig, haben eine glatte und glänzende Oberfläche und sind auf der Unterseite leicht silbrig. Früher hat man die Blätter gegen Skorbut (eine Erkrankung aufgrund von Vitamin-C-Mangel) gegessen. Zwar gibt es Wildkräuter mit höherem Vitamin-C-Gehalt, jedoch eignet sich das Scharbockskraut hervorragend als zeitige Pflanze für eine Frühjahrs-Kräuterkur.

Frühjahrs-Kräuterkur

Wenn die Natur im Frühjahr wieder zum Leben zu erwachen scheint und es in allen Ecken zu sprießen beginnt, haben wir Menschen oft mit der sogenannten Frühjahrsmüdigkeit zu kämpfen. Unser Körper hat durch die wenigen Sonnenstunden im Winter den Hormonspiegel und den Stoffwechsel umgestellt. In früheren Zeiten kam hinzu, dass die Menschen oft eine recht eintönige Winterkost aufgrund von Mangel an frischem Obst und Gemüse zu sich genommen haben. Doch auch wenn wir inzwischen ganzjährig an frisches Vitamin C herankommen, so können Wildkräuter im Frühling – neben ausreichend Bewegung und Sonnenlicht – enorm dabei helfen, wieder in Schwung zu kommen und den Vitamin-Speicher aufzufüllen. Sie können auch eine entwässernde und entgiftende Wirkung haben (zum Beispiel, wenn man ein paar Wochen lang täglich Brennnesseltee trinkt).

Abb. rechts: Smoothie aus Obst und Wildkräutern

Für deine individuelle Frühjahrskur empfiehlt es sich, auf die essbaren Kräuter zurückzugreifen, die bei dir zu Hause in der Nähe wachsen. Wenn du verschiedene Pflanzen miteinander kombinierst, stellst du deinem Körper ein breites Wirkstoffspektrum zur Verfügung. Den größten Effekt erzielst du, wenn du täglich einen Smoothie aus frischen Wildkräutern trinkst. Dazu sammele einfach zwei Hände voll Kräuter, wasche sie und zupfe sie klein. Dann gibst du sie zusammen mit Obst deiner Wahl (z.B. einer süßen Banane) und Wasser in den Mixer oder nutzt den Pürierstab. Du kannst das Verhältnis zwischen Kräutern, Obst und Wasser beliebig variieren, je nachdem, welchen Geschmack und welche Konsistenz du bevorzugst.

Alternativ könntest du auch täglich einen Liter Wildkräutertee trinken oder die Wildpflanzen einfach in Form eines Salates zu dir nehmen.

Taste dich langsam an deine individuelle Portion der kleinen Powerpakete heran. Aufgrund der hohen Nährstoffkonzentration muss sich dein Verdauungssystem erst an den Verzehr von Wildkräutern gewöhnen. Um dein persönliches Smoothie-Pensum herauszufinden, kannst du zunächst Blatt für Blatt deiner Lieblingskräuter pur essen. Merkst du irgendwann, dass dein Appetit auf ein weiteres Blatt nachlässt, hast du die passende Menge für deinen Smoothie gefunden.

Ist das giftig?

Wir wandern mit unserem Sammelkörbchen vom Waldrand aus tiefer in den Wald hinein. Unter den Laubbäumen ist es deutlich schattiger. Im zeitigen Frühjahr können wir je nach Standort Waldmeister und Bärlauch finden – an den Wegrändern wachsen im Frühjahr diverse Schaumkraut-Arten und Springkräuter. Auch die Brennnessel ist hier zu finden, bei lichten Verhältnissen ebenso die Brombeere. Sammeln wir Wildkräuter, müssen wir auf jeden Fall ganz genau hinschauen. Bei allem, was wir verzehren wollen, sollten wir hundertprozentig sicher sein, um welche Pflanze es sich handelt.

Genau wie im Reich der Pilze gibt es auch unter den Wildpflanzen giftige Vertreter, die uns entweder unangenehme Stunden bereiten oder im schlimmsten Fall sogar das Leben kosten können. Wenn man einige Grundregeln beachtet, braucht man jedoch keine Angst vor Wildpflanzen zu haben. Die gute Nachricht ist: Die Anzahl der essbaren Vertreter überwiegt deutlich die Anzahl an Pflanzen, die für uns lebensbedrohlich werden können.

Wer sich in das Reich der essbaren Wildpflanzen begibt, sollte sich jedoch unbedingt auch mit Giftpflanzen beschäftigen, denn das gibt die Sicherheit, die essbaren von den ungenießbaren unterscheiden zu können. Am Waldrand und im Wald können uns Roter Fingerhut, Aronstab und Maiglöckchen, auf den Wiesen auch die Herbstzeitlose begegnen. Gerade der Bärlauch ist prädestiniert dafür, mit seinen Doppelgängern verwechselt zu werden – er hat direkt drei davon: Herbstzeitlose, Maiglöckchen und Aronstab. Sie alle sind durch eine ähnliche Blattform gekennzeichnet. Achtet man auf die Details, ist eine Verwechslung jedoch ausgeschlossen. Leider kommt es immer wieder zu Vergiftungsfällen, weil diese Details nicht beachtet werden.

Bärlauch und seine Doppelgänger

Bärlauch

Die aromatisch nach Knoblauch duftende Pflanze hat ein einzelnes Blatt an einem langen Blattstiel und parallel verlaufende Blattadern (das sieht man gut, wenn man das Blatt gegen das Licht hält). Meistens wachsen zwei Blätter aus einer Zwiebel. Die Blüten sind kugelig und weiß. Entgegen der landläufigen Meinung kann man Bärlauch auch zur Blütezeit noch sammeln und genießen – er wird dann nicht giftig. Wie bei allen anderen Pflanzen auch nimmt zur Blüte hin einfach das attraktive Aroma ab, da die Pflanze von nun an ihre Energie in die Fortpflanzung steckt.

Aronstab

Beim Aronstab wachsen mehrere Blätter aus dem Wurzelstock und bilden eine Rosette. Junge Blätter sind länglich-eiförmig (und dann leicht mit dem Bärlauch zu verwechseln), ältere Blätter sind pfeilförmig. Im Gegensatz zum Bärlauch haben sie ein deutlich sichtbares Adernetz und keine parallel verlaufenden Blattadern. Der Aronstab hat keinen besonderen Geruch. Sollte man ihn aus Versehen doch erwischen, merkt man dies sofort: Er hat eine ätzende Wirkung und führt zu Brennen im Mund, Anschwellen der Zunge und verstärktem Speichelfluss.

Herbstzeitlose

Die Herbstzeitlose wächst meistens in der Wiese und ist streng genommen allein vom Standort her nicht mit dem Bärlauch zu verwechseln – was leider dennoch immer wieder geschieht. Bei der Herbstzeitlosen wachsen mehrere, meist drei, Blätter am selben Stängel. Die Blätter sind stängelumfassend und ineinander gewickelt, die Oberseite ist stark glänzend, die Blattform schmal und lanzettlich. Ihre Blüte erscheint im Herbst und erinnert an Krokusse – dann sind die Blätter jedoch schon abgestorben.

Die Herbstzeitlose ist sehr giftig und kann, in größeren Mengen verzehrt, zum Tod führen.

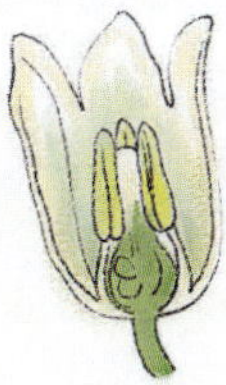

Maiglöckchen

Maiglöckchenblätter wachsen im Gegensatz zum Bärlauch immer paarweise zusammen am selben Stängel. Die Pflanzen bevorzugen den gleichen Standort wie der Bärlauch und sind nicht selten direkt nebeneinander zu finden. Möchte man eine Verwechslung leicht und sicher ausschließen, wartet man am besten bis zur Blüte: Im Gegensatz zum Bärlauch hat das Maiglöckchen glockenförmige Blüten. Die Blattform ist ähnlich der des Bärlauchs. Es riecht jedoch, wie alle anderen Doppelgänger auch, nicht nach Knoblauch.

Man sollte besser kein Maiglöckchenblatt aus Versehen im Pesto verarbeiten, denn es ist giftig. Der Wirkstoff des Maiglöckchens wird in der Medizin bei schwachem Herzen eingesetzt. Wenn du jedoch davon isst, kann es sein, dass du neben Durchfall und Erbrechen auch Herzrhythmusstörungen bekommst.

Nahezu ausgeschlossen ist die Verwechslungsgefahr bei typischen Wegrandbegleitern wie Brennnessel und Brombeere. Mit diesen Pflanzen haben die meisten Menschen schon einmal Kontakt gehabt. Sind sie im Wald zu finden, können sie jedoch auch einiges über den Standort verraten: Sie sind beide Stickstoffzeiger. Das bedeutet, sie wachsen bevorzugt dort, wo sich viel Stickstoff angesammelt hat – sei es durch angeschwemmte Stoffe aus der benachbarten Landwirtschaft, abgekippte Grünabfälle oder viele vorbeispazierende Hunde, die dort ihr Geschäft verrichten. Ganz besonders viel Stickstoff wird aber in stark aufgelichteten oder gar kahl geschlagenen Waldbeständen frei, weil sich hier der Humus zersetzt und dabei reichlich Nährstoffe abgibt.

Die Brombeere liebt Licht und ist deshalb auch immer ein Indikator für unnatürliche Verhältnisse im Wald, denn ihre auffälligen Blüten möchten von Insekten bestäubt werden – was verrät, dass sie eigentlich in die Offenlandschaft gehört.

Grundsätzlich können uns Pflanzen sehr viel über den Boden und den Waldstandort verraten: So liebt der Bärlauch beispielsweise basische Böden, die weder zu nass noch zu trocken sein dürfen. Wer bisher vergeblich versucht hat, diese schmackhafte Pflanze im eigenen Garten zu ziehen, weiß nun möglicherweise, warum es nicht funktioniert hat.

Dass uns Pflanzen wie Brennnessel, Gundermann oder Holunder bereits seit langer Zeit in die menschlichen Siedlungen folgen, liegt vermutlich auch daran, dass die Menschen vor Erfindung der Toilette rund um ihre Arbeits- und Wohnstätten herum ihre Notdurft verrichtet haben. An solchen »Sammelplätzen« siedeln sich dann natürlich auch gerne die stickstoffliebenden Pflanzen an.

Richtig sammeln

Ähnlich wie beim Pilzesammeln gilt, dass man nur so viele Pflanzen mit nach Hause nehmen sollte, wie man für den Eigenbedarf benötigt. Man spricht hier von der sogenannten »Handstraußregel«. Grundsätzlich gilt: Auch im Sammelfieber sollte man den achtsamen Umgang mit der Natur nicht vergessen. Es ist in Ordnung, eine Tüte voll zu sammeln, um einen Teil im Kühlschrank aufzubewahren. Sind die Wildpflanzen in feuchte Tücher eingeschlagen, können sie auf diese Weise bis zu eine Woche halten. Dennoch ist es besser, eher weniger zu sammeln und für den nächsten Wildkräutersalat noch einmal loszuziehen – so verhindert man, dass man zu viel mitnimmt, was man doch nicht nutzen kann. Außerdem leidet der Vitamingehalt der Pflanzen unter einer längeren Lagerung.
Man sollte immer im Hinterkopf behalten, dass man bestenfalls der Pflanze am Standort das Weiterbestehen ermöglicht. So sammelt man im Idealfall sehr schonend nur einzelne Pflanzenteile, wenn die Pflanze nicht sehr häufig vorkommt, damit sie erneut austreiben und sich fortpflanzen kann. Es ist verboten, Rote-Liste-Arten und in Naturschutzgebieten zu sammeln. Eine Übersicht über alle Rote-Liste-Arten findest du unter www.rote-liste-zentrum.de/.

Wildpflanzen bestimmen

Es gibt inzwischen etliche Apps für das Bestimmen von Wildpflanzen. Diese können eine wertvolle Hilfe sein, wenn man nach Anhaltspunkten zur Pflanzenart sucht. Man sollte sich jedoch beim Sammeln und Verzehren von Pflanzen (und Pilzen!) niemals nur auf eine App verlassen, sondern auch immer ein Bestimmungsbuch oder Wildkräuterbuch zu Rate ziehen. Erst wenn man sich hundertprozentig sicher ist, um welche Art es sich handelt, sollte man die Pflanze verzehren. Ein gutes Buch über essbare Wildpflanzen hat auch immer eine Rubrik, in der die wichtigsten Giftpflanzen in Wort und Bild erklärt sind. Sich diese in Ruhe anzuschauen und im Hinterkopf zu behalten, wenn man draußen in Wald und Wiesen unterwegs ist, gibt ebenfalls Sicherheit.

Brennnessel

Die Brennnessel ist die Königin unter den Wildpflanzen. Sie enthält alle wichtigen Pflanzeninhaltsstoffe und verfügt über einen hohen Gehalt an Eisen und Pflanzeneiweiß. Früher hat man die Samen gerne dem Vieh ins Futter gemischt, um die Milchleistung zu erhöhen oder für glänzendes Fell zu sorgen. Mönchen war es früher verboten, die Samen der Brennnessel zu sich zu nehmen, da man ihnen eine aphrodisierende Wirkung zuschreibt.

Es gibt die große und die kleine Brennnessel, die jeweils zwei verschiedene Arten sind. Man kann sie jedoch äquivalent zueinander verwenden. Die große Brennnessel hat männliche und weibliche Pflanzen – man kann im Spätsommer an den männlichen die Pollen und später an den weiblichen Pflanzen die Samen sammeln. Auch die Blätter der Brennnessel sind vielseitig nutzbar – hier besteht lediglich die Herausforderung, die unangenehmen Brennhaare zu entschärfen. Hier gibt es verschiedene Möglichkeiten:

- Man kann zusammen mit Obst und Wasser die Brennnesselblätter zu einem leckeren und gesunden Smoothie mixen.

Das ist die einfachste Möglichkeit, alle Inhaltsstoffe der Pflanze ohne große Verluste zu nutzen. Im Mixer werden die Brennhaare zerstört.

- Kurzes Blanchieren in heißem Wasser oder kurzes Anbraten in Fett macht die Brennhaare ebenfalls unschädlich. Man kann aus Brennnesseltrieben leckeren Spinat kochen. Da die Blätter sehr dünn sind und ähnlich wie Spinat schnell zusammenfallen, sollte man sie nur kurz erhitzen, damit Konsistenz und Geschmack nicht zu sehr leiden.
- Möchte man die Blätter roh genießen, kann man auch mehrmals mit einem Nudelholz darüber rollen, denn dabei werden die Brennhaare zerdrückt. Hier sollte man nur etwas gründlicher vorgehen, damit man sicher sein kann, dass man alle Härchen erwischt hat – andernfalls gibt es dann eine unangenehme Überraschung im Mund.

Lust auf eine gesunde Alternative zur herkömmlichen Chipstüte? Brennnesselblätter lassen sich mit wenig Aufwand in knusprige Chips verwandeln und schmecken sogar Kindern gut! Dazu erhitzt man etwas Fett in einer Pfanne und legt die Brennnesselblätter hinein. Man sollte sie zu diesem Zweck vorher besser nicht waschen, denn die aufplatzenden Brennhaare sorgen bereits für genug Spritzeffekt im heißen Fett. Innerhalb weniger Sekunden werden die Blätter kross und sollten dann mit einer Gabel aus der Pfanne genommen und zum Abtropfen auf ein Stück Küchenpapier gelegt werden. Sind sie abgekühlt, kann man ein wenig Salz darüberstreuen und sie direkt genießen. Es empfiehlt sich, nicht zu viele Blätter auf einmal in die Pfanne zu legen, da man sonst mit dem Herausholen nicht nachkommt und sie zu schnell braun werden. Guten Appetit!

Kapitel 8

DIE JAHRESZEITEN IM WALD

Gerade im Wald kannst du die einzelnen Jahreszeiten mit all ihren Eigenheiten besonders gut erleben. Frühling, Sommer, Herbst oder Winter – jede Jahreszeit hat ihren eigenen Charme, der einen Waldbesuch immer zu einem lohnenden Erlebnis werden lässt.

Frühling

Es ist noch kalt im Wald, Boden und Bäume erscheinen in einem winterlichen Graubraun, und die Erde ist von den Winterniederschlägen satt feucht. Doch es gibt Anzeichen für den bevorstehenden Frühling: Die Knospen der Bäume scheinen kurz vor dem Platzen zu sein, und die zwitschernde Aktivität der Vögel weist darauf hin, dass die wärmere Jahreszeit naht.

Ganz langsam scheint sich die Natur aus ihrem Winterschlaf zu erheben. Doch es gibt auch eilige Frühaufsteher, die bereits im Winter als erste Frühlingsboten unterwegs sind: Die Haselnuss am Waldrand hat zum Teil schon im Januar geblüht, mit den auffälligen hängenden Kätzchen, in denen die männlichen Pollen stecken, und den unscheinbar kleinen roten weiblichen Blüten. Erste Wildkräuter schauen mit winzigen grünen Blättchen aus den abgestorbenen Pflanzenresten des Vorjahres hervor.

Die Bäume befinden sich in Warteposition. Für sie gilt es, abzuwarten, bis die Tage wieder länger werden, die Sonne höher steigt und mehr Licht zur Verfügung steht. Doch das allein reicht nicht aus – es braucht auch die ansteigenden Temperaturen, damit sich der Baum sicher sein kann, dass das Risiko, zu erfrieren, für Blüten und Blätter gesunken ist und man es wagen kann, das zarte Frühlingsgrün sprießen zu lassen.

So wie im zeitigen Frühjahr nach späten Schneefällen allgemeines Tauwetter herrscht und in den Wiesen oft das Wasser steht, so starten zu dieser Jahreszeit auch die Bäume und pumpen sich mit Wasser voll. Sie machen sich auch im Stamm und in den Ästen für den Laubaustrieb bereit, um die Sonnensegel rasch zu entfalten, damit die Frühlingssonne für die Zuckerproduktion genutzt werden kann. Kommt es in dieser Jahreszeit zu einer Verletzung am Stamm, dann tropft das Wasser dort regelrecht heraus. Man könnte auch sagen: Der Baum blutet.

Während die Bäume noch auf mehr Sonnenstrahlen und Wärme warten, wagen die Frühblüher schon einmal den Weg ans Licht. Sie haben auch nicht viel Zeit, denn sobald die Bäume ihr Laub voll ausgetrieben haben, wird es unten auf dem Waldboden zu dunkel, um ausreichend Fotosynthese betreiben zu können.

Buschwindröschenteppich im Wald

Buschwindröschen, Bärlauch und Lerchensporn haben folglich nur die kurze Zeit von März bis Mai zur Verfügung, wenn die Temperaturen schon milder sind, die Bäume aber noch nicht ausgetrieben haben. In dieser Spanne müssen sie alles erledigen, wofür andere Pflanzen das ganze Jahr über Zeit haben: austreiben, blühen, Zucker produzieren und einspeichern, Samen oder Wurzelausläufer bilden, um sich dann auf die lange Ruhephase bis zum nächsten Austrieb vorzubereiten.

Boquila trifoliolata – Pflanzen können sehen!

In Chile lebt eine Kletterpflanze, der man den schönen Namen Boquila trifoliolata gegeben hat. Dabei steht das »Tri« für die Zahl Drei und das »foliolata« für Blätter. Denn diese Pflanze ist in der Lage, bis zu drei verschiedene Blätter der Bäume, an denen sie hochklettert, exakt nachzubilden. Würde sie sich beispielsweise an einer Buche, einer Eiche und einem Ahorn emporranken, könnte sie möglicherweise alle drei Blätter an der jeweiligen Stelle zur gleichen Zeit imitieren. Diese Mimikry-Taktik lohnt sich für die Pflanze, da ihre Blätter hierdurch nicht auffallen und so besser vor pflanzenfressenden Tieren geschützt sind. Wissenschaftlerinnen und Wissenschaftler rätselten über den Grund der Tarnung und vermuteten als Ursache zunächst chemische Botschaften, die Pflanzen über die Luft austauschen. Daher ließen sie ihrer Kreativität freien Lauf und entwickelten ein Fantasieblatt aus Kunststoff im Labor und setzten Boquila trifoliolata dazu. Obwohl sie dieses Blatt nicht aus der Natur kannten und auch keine chemischen Botschaften davon ausgehen konnten, war die Pflanze in der Lage, das Plastikblatt exakt nachzuahmen.

Daraufhin hat man einen genaueren Blick in das Blatt der Kletterpflanze geworfen und dort Strukturen entdeckt, die den Linsen in unseren Augen sehr ähnlich sehen. Und siehe da: Offenbar erfüllen sie auch einen ähnlichen Zweck. Denn mittlerweile ist bestätigt, dass Pflanzen nicht nur Licht und Schatten wahrnehmen können, sondern auch Umrisse erkennen, also richtig sehen können. Da diese Linsenstruktur in den Blättern aller Pflanzen zu finden ist, werden wir nicht nur in den Wäldern Chiles, sondern möglicherweise auch durch die Bäume in unseren heimischen Wäldern beobachtet, wenn wir dort umherstreifen.[66]

Sommer

Vom Frühjahr an – mit einem Spitzenwachstum in den Monaten Mai und Juni – stecken die Bäume ihre Energie in neue Holzzellen. Kurz vor der Sommersonnenwende im Juni nimmt die Wachstumsgeschwindigkeit jedoch schon wieder ab, vermutlich, weil ab diesem Zeitpunkt die abnehmende Tageslichtlänge vom Baum registriert wird. Das zeigt sich auch in den Jahresringen: Das Holz des Frühjahrs ist hell, weil aus großen, weiten Zellen bestehend, während das später im Sommer gebildete Holz dunkel wird.

Ab Juli bereitet sich der Baum auf den Abschluss der Saison und den folgenden Winterschlaf vor, investiert jetzt aber noch einiges an Kraft in die Ausreifung seiner Früchte und Samen.[67]

Ist der Sommer sehr heiß und trocken, müssen auch die Bäume eine Pause einlegen. In der Waldgemeinschaft geht es nun darum, das feuchte und kühle Waldklima gemeinsam aufrechtzuerhalten, gleichzeitig muss der Einzelbaum jedoch aufpassen, dass er nicht zu viel wertvolles Wasser verdunstet. Gerade Bäume, die am Waldrand stehen und denen wertvoller Schatten von Nachbarbäumen fehlt, bekommen am eigenen Leib zu spüren, was Trockenheit bedeutet. So kann es passieren, dass auch die heimische Rotbuche an solchen Standorten an ihre Grenzen kommt und sich mit ihrem Wasserhaushalt verkalkuliert.

Regenfälle sind nun vor allem für die Fotosynthese wichtig, denn ohne ausreichend viel Wasser funktioniert die Zuckerproduktion nicht. Dabei sind Laubbäume gegenüber Nadelbäumen deutlich im Vorteil. Wie wir bereits wissen, verbrauchen Buchen und Eichen im Sommer überwiegend Winterniederschläge, weshalb sie also gar nicht so sehr auf Niederschläge in der warmen Jahreszeit angewiesen sind. Für sie ist es somit wesentlich entscheidender, dass es im Winter viel regnet und der Boden dieses Wasser in großen Mengen speichern kann.

Fichten und Kiefern hingegen brauchen auch in der warmen Jahreszeit laufend Nachschub und schwächeln deshalb in Trockenphasen besonders schnell.[68] Das ist einer der Gründe, weshalb aktuell vor allem die Nadelbaumplantagen absterben.

Herbst

Im Spätsommer wirkt der Wald stiller. Die Bäume sind zwar noch in vollem Grün, doch die Vogelstimmen sind weitestgehend verstummt. Das geschäftige Treiben des Frühjahrs und Sommers hat sich beruhigt, es gibt keine Revierstreitigkeiten mehr, und kein Vogelmännchen möchte noch Partnerinnen anlocken.

Heiße Trockenphasen haben an Waldrändern zum Teil ihren Tribut gefordert: Wildpflanzen sind verblüht und teilweise auch schon oberirdisch vertrocknet. Sie ruhen im Boden mit ihrem Wurzelsystem und warten geduldig auf den nächsten Frühling.

Für die Bäume geht es in den Endspurt: Ist genug Zucker produziert, um in den Winterschlaf zu gehen? Ist der Tank der

Bäume gefüllt, sind sie in der Lage, ihre Symbiosepartner im Boden mit Zucker zu versorgen: Die Waldpilze erhalten nun den Lohn für die gute Zusammenarbeit und können sich mit der überschüssigen Energie in den kommenden feuchten Herbsttagen um ihre eigene Fortpflanzung kümmern.

War der Sommer warm und trocken, setzen zum Herbstanfang oft die lang ersehnten Regenfälle ein. Vermutlich atmen dann auch die Bäume auf: Nun haben auch die letzten von ihnen noch die Möglichkeit, fehlende Zuckerreserven aufzustocken. Denn der nächste Winter ist nicht weit – von einem Tag auf den anderen ist der Frost da, und es wäre fatal für einen Laubbaum, wenn dann noch alle Blätter an den Zweigen sind. Sie würden erfrieren, und die wertvollen Reservestoffe könnten nicht mehr in die Zweige zurückgezogen werden.

Nahen die kalten Nächte, muss jeder Baum für sich selbst entscheiden, ob er genug Zucker produziert hat oder ob er es riskiert, vom Frost erwischt zu werden. Ist die Entscheidung für den Laubabwurf gefallen, zieht der Baum den Zucker und die Nährstoffe, die er noch gebrauchen kann, aus den Blättern in den Stamm, um sie dort einzulagern. Da bei diesem Prozess das Chlorophyll in den Blättern abgebaut wird, kommen nun warme Gelb- und Brauntöne unter dem Grün zum Vorschein. Abfallstoffe, die der Baum nicht mehr benötigt, pumpt er in die Blätter. Ist der Vorgang abgeschlossen, bildet er eine Korkschicht zwischen Blatt und Zweig, sodass der Wind es leicht mitnehmen kann.

Die Blattoberfläche einer ausgewachsenen Buche kann über 1000 Quadratmeter betragen. Durch den Abwurf verringert der Baum diese Angriffsfläche und kann so Winterstürme besser überstehen. Auch heftige Schneefälle können ihm kaum etwas anhaben, weil die weiße Pracht einfach durch Äste und Zweige hindurch auf den Boden fällt.

Woher kommt das Rot im Blatt?

Manche Baumarten, wie Kirsche oder Ahorn, strahlen im Herbst nicht nur gelb, sondern orange oder sogar leuchtend rot. Das ist allerdings kein Farbstoff, der während des Jahres vom Chlorophyll überdeckt und im Herbst einfach freigelegt wird. Für das Rot sind Anthocyane verantwortlich, die der Baum vollständig neu bilden muss.

Aber warum sollte ein Baum kurz vor dem Winterschlaf noch einmal wertvolle Energie in die Produktion des roten Farbstoffs stecken? Das machen vor allem Arten, die durch Viruserkrankungen besonders gefährdet sind. Diese Erreger werden hauptsächlich durch saugende Insekten wie Blattläuse übertragen. Wissenschaftlerinnen und Wissenschaftler vermuten hinter der Rotfärbung einen Tarneffekt. Im Herbst sind unzählige weibliche Blattläuse auf der Suche nach einem Ablageplatz für ihre Eier. Ein gesunder Baum, der dem Nachwuchs im nächsten Frühjahr mit lauter frischen, saftigen Blättern besten Zuckersaft bieten könnte, wird gerne genommen. Die Bäume wollen natürlich nicht, dass ihre Sonnensegel angestochen werden, und tarnen sich offenbar mithilfe des roten Farbstoffs. Blattläuse können die Farbe Rot nämlich nicht sehen, sodass Bäume mit roten Blättern für sie weniger auffällig sind als Exemplare mit grünen oder gelben Blättern.[69] Letztere werden daher eher angeflogen. Der zusätzliche Kraftaufwand lohnt sich für die Bäume, die so weniger krank werden. Dass dies Kraft kostet, wird in Jahren deutlich, in denen Bäume an ihre Grenzen geraten. Nach lange andauernden trocken-heißen Sommern kann man häufig beobachten, dass Kirschbäume ihre Blätter nicht rot werden lassen, obwohl sie sonst immer zuverlässig rot leuchteten. Offenbar fehlt ihnen nach einer solchen Durststrecke die nötige Energie für diesen Kraftakt. Wer jetzt noch in zusätzliche Farbe investiert, hat möglicherweise nicht mehr genug Reserven, um über den Winter zu kommen.

Probier's aus:

Im Herbst kannst du häufig ganz verschiedene Gallen an Blättern beobachten, die sich zusammen mit dem Blatt verfärben. Auf Buchenblättern sieht man oft die zipfeligen Kapseln der Buchengallmücke, bei der Eiche findest du die Kapseln der Eichengallwespen, die als runde Kugeln auf den Blättern sitzen. Das Prinzip ist bei allen Gallen dasselbe: Die Formen werden durch Insekten verursacht, deren Larven im Blattinneren fressen und das Blatt mit Inhaltsstoffen ihres Speichels zwingen, die typischen Kapseln zu bilden. So können sie den ganzen Sommer hindurch fressen, ohne von Vögeln gestört zu werden.
Den Bäumen schadet der Befall übrigens nicht.
Du kannst die Gallen meistens ab Frühsommer an den Blättern finden. Im Herbst fallen sie mit ihrem Blatt herunter, überwintern und schlüpfen im Frühjahr als fertig entwickeltes Insekt, das seinerseits Eier legt und so den Kreislauf von vorne beginnen lässt.

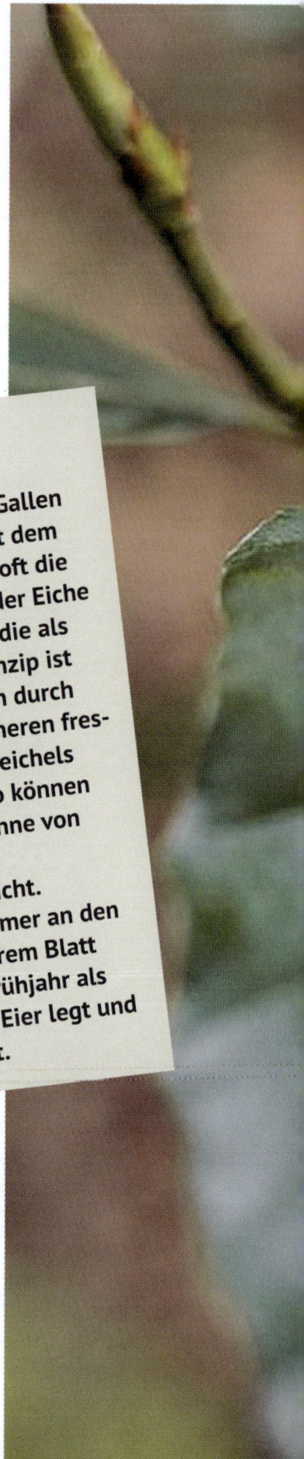

Winter

Eine ganz besondere Stille durchzieht den Winterwald. Ob Eichhörnchen, Amseln oder Mistkäfer – alle kommen nach dem geschäftigen Treiben der vorangegangenen Monate zur Ruhe. Der Winterwald scheint zu schlafen. Und das betrifft nicht nur seine tierischen Bewohner, sondern auch oder vielleicht gerade die Bäume. Während das Eichhörnchen noch ab und zu aufwacht, um sich einen Snack aus den vorher angelegten Vorratskammern zu gönnen, gleichen die Bäume eher großen Bären, die den Winter komplett verschlafen.

Mit den herabfallenden Blättern fallen auch die Bäume in einen tiefen Schlaf, der bis ins nächste Frühjahr andauert. Da Bäume es lieber süß mögen, futtern sie sich während des Sommers im Gegensatz zu ihren pelzigen Kollegen keine Fettschicht, sondern einen Zuckervorrat an, von dem sie während ihrer langen Schlafphase zehren. Nachdem sie das Jahr über Höchstleistungen vollbracht haben, gönnen sie sich während des Winters einen ausgedehnten Schlaf, den sie brauchen, um neue Energiereserven für das nächste Jahr zu tanken.

Wie wichtig dieser winterliche Schlaf ist, zeigt auch die Überlebenschance von Waldbäumen im Wohnzimmer. Versucht man, eine kleine Buche oder Eiche in der geheizten und beleuchteten Wohnung zu halten, wird das in der Regel nicht viel länger als ein Jahr gut gehen. Ein Grund dafür dürfte die ausbleibende Erholung während des Winters sein.

Während des Winterschlafs sammeln Bäume passiv Wasser. Ein Blick in Richtung Krone verrät sofort das Streben der Laubbäume in Richtung Licht. Wie kleine Sonnenanbeter recken sie ihre Arme in die Höhe. Schaut man genau hin, kann man allerdings erkennen, dass sie die Äste nicht geradewegs nach oben strecken, sondern sie leicht nach außen neigen, wie eine Art Trichter. Und diese Trichterform macht sich, vor allem in den Wintermonaten, bezahlt.

Durch ihren Erholungsschlaf verbrauchen die Bäume im Winter so gut wie kein Wasser. Haben sie sich mit dem Zu-Bett-Gehen nicht allzu viel Zeit gelassen, stehen sie nun optimalerweise ohne Blätter da, sodass Regen und Schnee in die richtigen

Bahnen gelenkt werden. Wenn die Tropfen oder Flocken vom Himmel fallen, landen sie auf den blattlosen Ästen, werden durch die Trichterform in Richtung Stamm geleitet und können hierüber zielgenau in Richtung Wurzelraum gleiten – genau dorthin, wo die Bäume das Wasser im nächsten Jahr brauchen.

Der schwammartige Waldboden kann das Wasser aufsaugen und seine Speicher wieder füllen. Winterzeit ist also Wassertankzeit. Wenn der Waldboden im Winter ordentlich auftanken konnte, reichen die Wasserreservoirs oft weit bis in den Sommer hinein und können selbst länger andauernde trocken-heiße Zeiten ausgleichen.[70]

Das ist übrigens auch für uns Menschen von Vorteil. Alte Buchenwälder spielen eine wichtige Rolle in der Bildung von Grundwasser. So bildet sich unter ihnen ungefähr doppelt so viel Grundwasser wie unter vergleichbaren Kiefernwäldern.[71]

Die Aststellung der Fichte hingegen verrät uns ihre Vorliebe für Bilderbuch-Winter mit schneebedeckten Landschaften über

Mythos: Der Borkenkäfer rottet die Fichten in Deutschland aus

Borkenkäfer und Fichte – die beiden sind in den letzten Jahren gemeinsam in aller Munde. In den Medien wird der Borkenkäfer häufig für das Absterben der Fichten in ganz Deutschland verantwortlich gemacht. Doch das Problem ist vielmehr hausgemacht und der Borkenkäfer nur der Sündenbock für unsere eigenen Fehler.

Auf der Suche nach Nahrung und einem neuen Zuhause ziehen männliche Borkenkäfer umher und beißen ein kleines Loch in die Rinde eines Baumes. Ein gesunder Nadelbaum, der in vollem Saft steht, drückt zur Abwehr einfach ein Tröpfchen Harz in das Loch, der Käfer verklebt und wird, noch bevor er zum Problem werden kann, unschädlich gemacht.

Die Fichte leidet in Deutschland allerdings unter Heimweh, und ihre einem halb geöffneten Regenschirm ähnelnde Aststellung führt dazu, dass es unter ihr besonders trocken ist. Ihr geht bei uns im wahrsten Sinne die Spucke aus, was auch dem Borkenkäfer nicht entgeht. Er gelangt ohne große Widerstände in die Rinde hinein und schickt sofort Duftbotschaften per Waldluftpost an seine Freunde und Verwandten, um ihnen von seinem Glückstreffer zu berichten.

Bei der Besiedelung der Fichten erhalten die kleinen Käfer Unterstützung von Pilzen. Im Jahr 2023 haben Wissenschaftlerinnen und Wissenschaftler des Max-Planck-Instituts herausgefunden, dass der Buchdrucker, ein Fichten-

viele Monate hinweg. Sie lässt ihre Äste nicht Richtung Himmel wachsen, sondern breitet sie waagerecht aus oder lässt sie sogar ein wenig hängen. Für die Fichte als Schneefan zahlt sich das aus. Wenn das Gewicht des Schnees die Äste herunterdrückt, legen sie sich ein Stück näher an den Stamm heran. Wird die Last zu groß, kann der Schnee einfach herunterrutschen, und die Fichte läuft nicht Gefahr, einen Ast zu verlieren.

Die Fichte ist eben ein echtes Nordlicht und kommt ursprünglich aus Gegenden wie Lappland oder Sibirien. Ihr Heimweh nach diesen kühl-feuchten Gefilden wird besonders während unserer trocken-heißen Sommermonate deutlich. Wenn die lang ersehnten Tropfen endlich vom Himmel fallen, wirkt die Aststellung der Fichten wie ein Regenschirm, der den darunter liegenden Boden zuverlässig trocken hält. Bis zu 30 Prozent des jährlichen Niederschlags bleiben daher in der Krone der Fichten hängen und sind unerreichbar für die wassersuchenden Wurzeln. Der Durst der Fichten steigt im Sommer also ins Unermessliche.

borkenkäfer, von Pilzpartnern angelockt wird, die Fichtenharz zersetzen.[72] Die kleinen Käfer kommen dann gleich zahlreich herbei und legen sich jeweils kleine Brutreviere an. Hier empfangen sie die Weibchen, die nach der Paarung Eier legen. Die schlüpfenden Larven futtern sich durch das Kambium, die nahrhafteste und zugleich wichtigste Schicht, sodass die Fichte innerhalb von vier bis acht Wochen abstirbt. Bei einer gesunden Fichte in ihrem ursprünglichen feucht-kalten Ökosystem hätten sie keine Chance.

Der Borkenkäfer als typischer Schwächeparasit nutzt also lediglich das reich gedeckte Buffet todgeweihter Fichten, das wir ihm durch unsere Art der Forstwirtschaft bieten. Übrigens ist es auch falsch, von DEM Borkenkäfer zu sprechen. In Deutschland gibt es über 110 verschiedene Borkenkäferarten, von denen sich die meisten auf eine oder wenige Baumarten spezialisiert haben. Was die Fichte betrifft, sind es vor allem der sogenannte Buchdrucker und der Kupferstecher, die sie zum Fressen gern haben. Aber auch Buchen, Eichen und alle anderen Baumarten haben ihren eigenen Borkenkäfer, der sich auf sie spezialisiert hat. Im Zusammenhang mit diesen Baumarten hört man den Begriff Borkenkäfer jedoch so gut wie nie, was auch damit zusammenhängt, dass sie bei uns in ihrer natürlichen Heimat weitestgehend stark genug sind, um sich gegen Attacken wehren zu können.

Auf den Winter sind die Fichten hingegen bestens eingestellt. Ihre Blätter haben sie zu kleinen Nadeln umgeformt, die sie mit einer dicken Wachsschicht überziehen. So kann die Kälte schlechter eindringen und weniger Wasser verdunsten. Wenn Wasser gefriert, dehnt es sich aus und kann enorme Kräfte entfalten. Diese Kräfte werden im Zaum gehalten, da die Nadeln kaum Raum für Wasser bieten, das sich ausbreiten könnte. Aber doppelt hält besser, daher lagern Fichten und andere Nadelbäume zusätzlich Frostschutzmittel in ihren Nadeln ein, um ein Platzen durch gefrierendes Wasser zu verhindern. Dieser Frostschutz besteht aus Zuckermolekülen, die den Gefrierpunkt des Wassers deutlich herabsenken.

Zucker scheint im Wald ein richtiger Allrounder zu sein – neben dem Stillen des eigenen Hungers kann er als Bezahlung, etwa für die Pilze, oder eben als Schutz während der Wintermonate eingesetzt werden.

Durch den Laubabwurf haben Buche und Co. zwar ihre Blätter vor Frostschäden geschützt, allerdings enthält der Rest des Baumes natürlich auch eine ganze Menge Wasser. Um fiesen Verletzungen vorzubeugen, reduzieren Laubbäume daher vor dem Winterschlaf ihren Wassergehalt in Stamm und Wurzeln um etwa die Hälfte im Vergleich zu den Sommermonaten. Während die Laubbäume sich einen langen, erholsamen Schlaf gönnen, sind die Nadelbäume ständig auf Stand-by. Aufgrund der langen Winter und der oft nur wenige Wochen kurzen Sommer in ihren Heimatregionen können sie es sich nicht leisten, ihre Blätter komplett abzuwerfen und erst im späten Frühjahr neue in die Sonne zu recken. Keine Zeit verlieren, heißt die Devise, und so wird jeder Sonnenstrahl bereits bei Temperaturen um die minus fünf Grad eingefangen und in Zucker umgewandelt. Andernfalls würden die kurzen Sommer nicht ausreichen, um den Hunger zu stillen.

Mythos: Sauerstoffreiche Waldluft

Bäume werden häufig als die Sauerstoffproduzenten schlechthin gehandelt. Wo also könnte man seine Sauerstofftanks besser auffüllen als bei einem ausgedehnten Waldspaziergang? Wie wir uns in Kapitel 1 angeschaut haben, produzieren Bäume den Sauerstoff natürlich nicht extra für uns Menschen. Aus Sicht der Bäume handelt es sich vielmehr um ein Abfallprodukt, das entsteht, wenn sie Fotosynthese betreiben.

Während der Wintermonate legen die Bäume jedoch eine Pause mit der Zuckerproduktion ein, also kommt auch kein neuer Sauerstoff dazu. Da die Bäume in dieser Zeit allerdings nur schlafen und nicht tot sind, läuft auch ihr Stoffwechsel weiter. Der vorher angefutterte Zucker wird in den Zellkraftwerken verbrannt und in Energie und CO_2 umgewandelt. Während des Winters atmen Bäume also eine ganze Menge CO_2 aus, ohne die Luft mit neuem Sauerstoff anzureichern. Die Luft im Winterwald ist somit weniger sauerstoffreich als im Sommer, wo die Bäume ihn Tag für Tag in die Luft entlassen. Ein Risiko geht man jedoch bei einem Spaziergang durch den Winterwald auch nicht ein, da über Luftströme immer ausreichend Sauerstoff vom Meer zu uns getragen wird. Denn die unzähligen Algen im Meereswasser machen keine Winterpause und produzieren das ganze Jahr über fleißig Sauerstoff.

Nachts verhält es sich übrigens sogar während des Sommers ähnlich, denn auch da schlafen die Bäume – aber natürlich wesentlich kürzer als im Winter, sodass schon am nächsten Tag wieder ganz viel frischer Sauerstoff in die Waldluft gelangt.

Kapitel 9

WALD UND MENSCH

Der Wald in Deutschland ist stark vom Menschen geprägt. Wir haben die Zusammensetzung der Baumarten verändert, gejagt, Bäume gefällt und unsere Wälder mit einem dichten Wegenetz durchzogen. Inzwischen ist es fraglich, ob es überhaupt noch einen einzigen Quadratmeter echten Urwald bei uns gibt. Aktuell steht der Wald vor großen Herausforderungen. Intensive Forstwirtschaft und der Klimawandel setzen unseren Bäumen extrem zu, dabei brauchen wir jetzt den Wald mehr denn je. Er hilft uns, den Klimawandel zu bekämpfen, und schützt uns unmittelbar vor Hitze, Dürren, aber auch vor Extremniederschlägen. Unser eigenes Wohlergehen ist also eng mit dem des Waldes verknüpft – schauen wir uns die Zusammenhänge doch einmal genauer an.

Wem gehört der Wald?

Querfeldein durchs Unterholz streifen, um Wildkräuter und Pilze oder Tierspuren zu suchen – darf ich das überhaupt? Wem gehört der Wald, und kann mir der Waldbesitzer verbieten, die Wege zu verlassen?

In Deutschland gibt es unterschiedliche Formen des Waldbesitzes: Bundesforst, Landesforst, Gemeinde- und Stadtwald sowie Privatwald. Die Forststrukturerhebung 2022 ergab, dass die privaten Waldeigentümer mit einem Anteil von 43 Prozent die größte Gruppe der Waldbesitzenden ausmachen. Im Eigentum der Länder sind derzeit 32 Prozent, rund 22 Prozent gehören Städten, Gemeinden und öffentlich-rechtlichen Stiftungen. Die restlichen 3 Prozent der Waldfläche befinden sich im Bundeseigentum.[73]

Gemeindewald ist folglich Eigentum aller ortsansässigen Bürgerinnen und Bürger. Das ist einer der Gründe, warum deutschlandweit Waldbürgerinitiativen wie Pilze aus dem Boden schießen. Immer mehr Menschen erkennen ihre Verantwortung für den Umgang mit dem Wald vor der eigenen Haustüre und machen sich stark gegen geplante Kahlschläge oder Waldrodungen.

Eine Bürgerinitiative für den Waldschutz gründen

- Informiere dich, ob es in deiner Nähe eine Bürgerinitiative gibt, der du dich anschließen könntest. Es existiert bereits eine Bundesbürgerinitiative zum Thema Waldschutz, über die du Kontakte in ganz Deutschland finden kannst.[74]
- Eine Bürgerinitiative zu gründen ist ganz einfach. Dazu schließt du dich mit ein paar Gleichgesinnten zusammen, ihr beschließt, dass ihr eine Initiative seid und werdet aktiv – das war's auch schon! Es ist deutlich unkomplizierter als beispielsweise die Gründung eines Vereins.
- Wenn ihr gemeinsam als Initiative auftretet und etwa in der Lokalpresse Stellung zu eurem Wald bezieht, bekommt ihr in höherem Maße Aufmerksamkeit, als wenn eine Einzelperson »querschlägt«.
- Übrigens bieten wir einen informativen und kostenlosen Online-Kurs für engagierte Waldschützer und Waldschützerinnen auf unserer Online-Kurs-Lernplattform www.wald-lernen.de an. Hier findest du einige nützliche und spannende Tipps, wie du dich für den Wald einsetzen kannst.

Was ist im Wald erlaubt?

Bevor man sich auf der Suche nach ein bisschen Ursprünglichkeit und Wildheit auf ein Waldabenteuer begibt, sollte man die Frage klären: Was darf ich überhaupt im Wald?

Grundsätzlich gilt in Deutschland ein freies Waldbetretungsrecht, wenn wir zu Fuß unterwegs sind. Das trifft ebenfalls auf Privatwaldflächen zu, was bedeutet: Wir dürfen Wälder zu jeder Tages- und Nachtzeit betreten. Eine Ausnahme sind eingezäunte Flächen, hier gilt: Bitte draußen bleiben.

In Schutzgebieten wie etwa Nationalparks gibt es ein Wegegebot, dort darf man die Wege nicht verlassen.

Während laufender forstlicher Maßnahmen herrscht ebenfalls ein gesetzliches Betretungsverbot der Fläche, da hier Lebensgefahr durch umfallende Bäume besteht. Die Gebiete sind meist gekennzeichnet oder abgesperrt. Gleiches gilt für Treibjagden – an solchen Tagen sollte man die gesperrten Waldgebiete grundsätzlich meiden, da eine Gewehrkugel mehrere Kilometer weit fliegen kann.

Doch wenn wir die Sondersituationen einmal außer Acht lassen, kann man durchaus sagen, dass wir in Deutschland im Vergleich zu vielen anderen Ländern in unserer Freiheit im Wald durchaus privilegiert sind. Wir dürfen ohne schlechtes Gewissen auch abseits der Wege durch die Natur streifen, Beeren und Pilze sammeln oder uns entspannt unter einen Baum legen.

Mythos: Psst, im Wald muss man leise sein!

Wir können uns getrost von der Vorgabe verabschieden, dass wir im Wald immer leise sein müssen. Die Schilder mit der Aufschrift »Bitte leise sein – nehmt Rücksicht aufs Wild« findet man häufig an Waldrändern und Wegkreuzungen. Natürlich sind diese Empfehlungen nicht grundsätzlich falsch – wir sollten Wildtieren mit Respekt begegnen und eine gesunde Distanz zu ihren Fress- und Schlafplätzen halten.

Was viele von uns aber schon in der Kindheit gelernt haben, ist, dass wir uns im Idealfall nur schleichend und im Flüsterton durch den Wald bewegen sollten, um die Wildtiere nicht zu stören. Doch genau das Gegenteil ist der Fall: Beunruhigt werden Reh, Hase, Hirsch und Co. vor allem durch das Verhalten von größeren Beutegreifern. Diese haben alle eines gemeinsam: Sie pirschen sich an, tarnen sich und sind auf leisen Pfoten unterwegs. Wenn im Wald ein kleines Ästchen knackt und dann wieder Stille herrscht, ist das für die Wildtiere deutlich stressiger als eine vorbeilärmende Kindergruppe. Hier weiß das Wild direkt: »Das können keine Jäger sein, so viel Krach, wie die machen.« Meistens bleiben die Tiere entspannt in ihren Verstecken liegen oder entfernen sich in mäßigem Tempo von den Störenfrieden.

Wildtierschutz ist
Erholt euch im Wald aber laßt uns
die notwendige Ruhe.
die Wege und laßt eure Hunde
nicht
Geht spätabends
der Nacht den
sonst nehmt Ihr
in eurer Kulturlandschaft zu
Herzlichen Dank
Die freilebende Tierwelt

Doch warum werden solche Schilder dann überhaupt aufgestellt? In den allermeisten Fällen werden sie von Jägerinnen und Jägern platziert. Diese verfolgen dabei ihre ganz eigenen Interessen – sie möchten in Ruhe jagen und im Idealfall keine »störenden« Spaziergänger oder Radfahrer auf den Waldwegen haben. Um Jagderfolg erzielen zu können, müssen sie leise unterwegs sein wie ein Raubtier, um möglichst wenig Aufsehen zu erregen. Denn die Tiere können zwischen den Menschen und sogar ihren Autos unterscheiden. Nähert sich der Geländewagen von jagenden Personen, dann suchen sie schnell das Weite.

Den entspannten Spaziergang im Wald kann dir jedoch ein Jäger nicht verbieten – auch nicht, wenn du dich währenddessen mit deiner Begleitung unterhältst oder ein Wanderlied trällerst.

Was darf im Wald gesammelt werden?

Grundsätzlich ist es erlaubt, Kräuter, Pilze und Blumen oder bunte Blätter zum Basteln für den eigenen Bedarf in moderaten Mengen mit nach Hause zu nehmen, wie wir im Kapitel zum Thema essbare Pflanzen schon gesehen haben. Das Sammeln und Entdecken von Naturmaterialien kann enorm viel Freude bereiten. Lebende Zweige abzubrechen ist allerdings nicht zulässig.

Doch wie sieht es aus, wenn wir Lust auf ein »richtiges Abenteuer« haben, mit Lagerfeuer und Übernachten unterm Sternenhimmel? Im letzten Kapitel dieses Buches werden wir uns dieser spannenden Frage gesondert widmen. So viel schon einmal vorab: Nicht alles ist in Deutschland explizit verboten, und es gibt durchaus Möglichkeiten, im heimischen Wald vor der Haustür ein Abenteuer zu erleben …

Warum brauchen wir überhaupt Wald?

Schon als Schulkind haben wir gelernt: Der Wald ist wichtig für uns, denn er liefert den Rohstoff Holz und produziert für uns den lebensnotwendigen Sauerstoff. Dass die Bäume dies nicht

»für uns« tun, haben wir bereits im ersten Kapitel geklärt. Der Sauerstoff ist für die Bäume ein Abfallprodukt, das bei der Fotosynthese ausgeatmet und in kleinen Mengen für die Zellatmung von den Bäumen selbst wieder eingeatmet wird.

Übrigens stimmt es auch nicht, dass unsere Wälder den entscheidenden Anteil an der weltweiten Sauerstoffproduktion haben: Wälder produzieren zwar viel Sauerstoff, allerdings wird dieser zum größten Teil wieder von Bränden, Mikroben und anderen lebenden Organismen verbraucht, sodass die Bilanz weitestgehend ausgeglichen ist. Fast der gesamte Sauerstoff, der in der Atmosphäre verfügbar ist, stammt aus den Ozeanen.[75]

Deutlich entscheidender, vor allem im Hinblick auf die ausstehenden Veränderungen durch den Klimawandel, ist der Kühleffekt, den unsere Wälder regional auf die Landschaft haben (Siehe Kapitel 3, »Klimaanlage und Regenmacher«, S. 58).

Ein ebenfalls maßgeblicher Faktor ist die Einspeicherung von Kohlenstoff. Nur in alten, naturnahen Laubwäldern mit hohem Totholzanteil, der mit der Zeit wieder zu Humus wird und in tiefere Schichten absinkt, wird nachhaltig CO_2 gespeichert. Im UrwaldProjekt der Waldakademie in Wershofen sind das schätzungsweise 70 Kilogramm CO_2 pro Quadratmeter, die langfristig gebunden sind. Im Laufe der nächsten 50 Jahre Schutzzeit kommen voraussichtlich weitere 50 Kilogramm CO_2 pro Quadratmeter hinzu.[76]

Neben der Fähigkeit der Bäume, selbst Regen zu produzieren, wirken sie als Filter und Erosionsschutz an Hängen. Da sie mit ihrem breiten Wurzelteller das Erdreich weitläufig stabilisieren und sich dieses gut mit Wasser vollsaugt, können naturnahe Wälder zum Hochwasser- und Flutschutz beitragen. Gleichzeitig wirken sie als Filter und halten Schadstoffe zurück, die sonst ins Grundwasser geraten würden.

Auch der Erholungswert von Wäldern gewinnt zunehmend an Bedeutung. Psychische Erkrankungen und Burnout nehmen in unserer stetig schnelllebiger und naturferner werdenden Welt rasant zu.[77] Gerade im ersten Jahr der Corona-Pandemie haben sich die Fälle von Depressionen und Angststörungen weltweit um 25 Prozent erhöht.[78]

Bewegung an der frischen Luft hilft – zusätzlich hat der Wald eine eigene wohltuende Wirkung auf unseren Organismus. Dass sich das sogenannte Waldbaden immer größerer Beliebtheit erfreut, hat viele gute Gründe.

Probier's aus:

Hier geht es um ein spannendes Experiment, das die Filterfunktion des Waldbodens deutlich macht. Mit Kindern zusammen kann man einen anschaulichen Wasserfilter bauen, der die einzelnen Schichten des Waldes nachbildet. Dafür benötigt ihr zwei Eimer und eine Wasserflasche. Bei einem Eimer bohrt ihr vorher Löcher in den Boden. In diesen füllt ihr dann nacheinander unterschiedliche Schichten: zunächst Steine und grobes Material, dann etwas von der Streuschicht inklusive Laub und obenauf ein Moospolster (das kann man hinterher wieder zurücksetzen). Dann füllt ihr zum Wasser in eurer Wasserflasche etwas Erde und schüttelt das Ganze durch, sodass das Wasser braun gefärbt ist. Anschließend gießt ihr es langsam über euren Filter und haltet den zweiten Eimer darunter, um die Wasserqualität zu testen. Man kann auf diese Weise erkennen, wie die Schichten des Waldbodens die Schmutzpartikel zurückhalten und unten saubereres Wasser herausfließt.

Waldbaden

Hinter dem ominösen Begriff des »Waldbadens« verbirgt sich eine anerkannte Entspannungsmethode, deren Ursprung in Japan liegt. Allerdings handelt es sich nicht um eine althergebrachte asiatische Tradition. Erst seit den 1980er-Jahren wird die Wirkung des Waldes auf unser mentales und körperliches Wohlbefinden wissenschaftlich erforscht, und immer neue Erkenntnisse werden seitdem gewonnen.

Hauptzutaten für ein entspannendes Waldbad sind das langsame, absichtslose Schlendern, bei dem wir all unsere Sinne öffnen. Eigentlich ist es ebenso einfach und unspektakulär, wie es sich anhört, aber die Umsetzung ist in unserem hektischen Alltag häufig gar nicht so leicht.

Natürlich könnte man genauso gut durch den Garten, Park oder über einen Strand schlendern, aber der Wald hält im Gegensatz zu anderen Landschaften einige besonders wohltuende Geschenke für uns bereit.

Durch die gedämpften Geräusche herrscht im Wald eine angenehm ruhige Atmosphäre, in der unsere Ohren so richtig entspannen können. Dennoch geht es dort ziemlich geschwätzig zu, wie wir in Kapitel 5 erfahren haben. Die vielen Tausend Duftvokabeln, die durch die Waldluft schwirren, gehen auch an uns nicht spurlos vorbei. Wie bei den Bäumen, die nach einem Rehangriff Bitterstoffe einlagern, fährt auch unser Körper sein Immunsystem hoch, er produziert mehr und effektivere Killerzellen, die Viren und Krankheitserreger bekämpfen. Nach nur vier Stunden achtsamen Schlenderns durch den Waldduftcocktail hat sich die Anzahl der kleinen Krankheitsabwehrzellen um ca. 50 und ihre Aktivität um 40 Prozent erhöht. Ohne danach ein weiteres Mal einen Fuß in den Wald zu setzen, hält dieser Effekt sogar etwa eine Woche lang an.

Wer noch mehr Zeit hat, kann den Abwehrtrupp allein durch zwei Nächte im Wald sogar einen ganzen Monat lang pushen (Tipps hierfür bekommst du im letzten Kapitel). Zudem wird die Produktion von Stresshormonen, insbesondere Cortisol, reduziert, gleichzeitig sinken Blutdruck und Blutzuckerspiegel, und wir fahren so richtig runter.[79]

Neben den Duftvokabeln wirken auch die Farben des Waldes, insbesondere die Grün- und Brauntöne, der federnde Boden und unsere angeborene Verbindung zur Natur positiv auf unsere Gesundheit. Wir können also tatsächlich ein entspannendes, wohltuendes Bad in der reich gefüllten Atmosphäre des Waldes nehmen und unsere Energiereserven wieder auftanken.

Das Schöne ist: Beim Waldbaden ist alles erlaubt, was dir guttut. Wie du dein Tempo entschleunigst und deine Sinne öffnest, ist ganz dir überlassen. Es gibt kein Richtig und vor allem kein Falsch. Magst du dich an die dicke knorrige Eiche setzen und einfach eine Stunde lang das Spiel der grünen Blätter im Wind beobachten? Ja, nimm dir die Zeit! Hast du Lust, deine Schuhe auszuziehen und barfuß über das weiche Moos oder einen liegenden Baumstamm zu balancieren? Super! Folge deinem Impuls! Der erdig-pilzige Geruch des Waldbodens lockt dich an? Er wartet nur darauf, von dir beschnuppert zu werden! Eine Runde in der Hängematte unter den Baumriesen entspannen? Auch das ist Waldbaden! Hauptsache, langsam, ohne Ziel und Druck![80]

Sogar auf die Entwicklung von Kindern hat der Aufenthalt in der Natur messbare und wertvolle Effekte. In einer spanischen Studie wurden die Gehirnaktivität und Lernleistung von Kindern gemessen. Je grüner ihre Umgebung war, desto besser fiel das Ergebnis aus.[81]

Im asiatischen Raum wird das Waldbaden bereits auf Rezept verschrieben. Es muss aber gar nicht unbedingt ein meditativer Spaziergang sein – auch ganz normales Gehen, Wandern, Joggen, Radfahren und Reiten sind Aktivitäten, die sich im Wald gut durchführen lassen und mit denen wir unserer Gesundheit einen Gefallen tun. Nachweislich werden bei Waldspaziergängen die Zentren in unserem Hirn deaktiviert, die bei negativen Gedanken und depressiven Stimmungen aktiv sind. Gleichzeitig werden jede Menge Glückshormone ausgeschüttet.[82]

Doch nicht jeder Wald ist so naturnah, dass wir uns optimal darin erholen können – hier nimmt die menschliche Nutzung großen Einfluss auf die Waldgesundheit und auch den Erholungseffekt, den diese Wälder bieten können. Mit diesem Thema wollen wir uns im nächsten Abschnitt beschäftigen.

Wodurch schaden wir dem Wald?

So manche Leserin und so mancher Leser werden im Laufe der vorherigen Kapitel dann und wann wehmütig geseufzt haben. Wir haben über ideale Wälder gesprochen, dicht geschlossene Kronen, Versorgung von Laubbaumkindern, essbare Wildkräuter und Tierspuren. Doch nicht jeder Wald ist ein naturnaher, abenteuerlicher und geheimnisvoller Erholungsort für uns Menschen.

In vielen Regionen Deutschlands sterben Bäume aktuell großflächig ab und hinterlassen eine Landschaft mit rotbraunen Nadelbäumen, aus deren Kronen es leise rieselt. An anderen Stellen stehen nur noch tote Baumgerippe und erzeugen ein mulmiges Gefühl. Ist man in einer nadelwaldreichen Region aufgewachsen, ist das derzeitige Fichtensterben eine ziemliche Katastrophe, denn: Der Wald ist weg, und damit verändert sich auch das vertraute Landschaftsbild tiefgreifend.

Bei all dieser Tristesse gibt es jedoch Hoffnung: Überlässt man diese Flächen den natürlichen Prozessen, stehen die Chancen noch gut, dass dort in wenigen Jahren wieder junge Wälder aus Pionierbäumen in den Startlöchern stehen – wie es seit den 1970er-Jahren im Nationalpark Bayerischer Wald geschehen ist.[83]

Doch wie konnte es überhaupt erst so weit kommen, dass naturferne Wälder einen Großteil unserer Landesfläche bedecken?

Seit der Jungsteinzeit und mit Beginn der landwirtschaftlichen Nutzbarmachung von Flächen prägt und beeinflusst der Mensch das Landschaftsbild maßgeblich. Es gibt kaum noch einen Quadratmeter in Deutschland, der nicht im Laufe der Jahrtausende einmal menschlich genutzt wurde. Wenn wir über idealen, naturnahen Wald sprechen, müssen wir hier folglich immer schon Abstriche in Kauf nehmen.

Anfang des 19. Jahrhunderts haben die staatlichen Forstverwaltungen die Fichte aus der Alpenregion in die Mittelgebirgs- und Tieflagen Deutschlands gebracht. Der Grund: Es sollte möglichst schnell Wald aufgeforstet werden, der während der vorherigen Jahrhunderte einer zu intensiven Holznutzung zum Opfer gefallen war. Die Eifel zum Beispiel war zu dieser Zeit nahezu waldfrei, die Flächen übernutzt und in eine Heidelandschaft verwandelt.

Doch die Fichten, die heute in unseren Wäldern absterben, sind deutlich jüngeren Datums, man kann hier etwa der preußischen Verwaltung folglich nicht mehr die Schuld in die Schuhe schieben. In den letzten Jahrzehnten ist die Fichte gerne als »der Brotbaum« der deutschen Forstwirtschaft tituliert worden. Doch ist sie das wirklich je gewesen?

Die Fichte fühlt sich schon seit jeher nicht besonders wohl in Deutschland. Ihre immergrüne Krone bietet bei Winterstürmen eine große Angriffsfläche, und die im Vergleich zu ihren natürlichen Verbreitungsgebieten geringen Niederschläge machen sie anfällig gegenüber Insektenangriffen. So ist es nicht verwunderlich, dass bereits vor den heißen Sommern 2018–2020 ein großer Teil des Fichtenholzes entweder durch Sturm oder Trockenheit angefallen war. Bei Sturm- oder Borkenkäferkatastrophen stürzen die Preise ins Bodenlose, weil dann jeweils ein Überangebot an den leicht verderblichen Hölzern entsteht. Während früher aus einem Kubikmeter Holz viele Waldarbeitsstunden bezahlt werden konnten und selbst Katastrophenholz noch Geld in die Kassen spülte, sieht die Lage heute ganz anders aus. Holz ist inflationsbereinigt immer billiger geworden, sodass ein Preisverfall die Forstbetriebe rasch in die roten Zahlen bringt. Das spricht nicht unbedingt dafür, dass es sich hier zumindest unter heutigen Verhältnissen um eine verlässliche und wirtschaftlich rentable Baumart handelt. So oder so ist das Limit aktuell ohnehin erreicht – die Nadelbäume, allen voran die Fichte, werden aufgrund wiederholt auftretender Trockenheits- und Hitzeperioden in den nächsten Jahren größtenteils absterben, sofern nicht bereits geschehen. Selbst das eher konservative Thünen-Institut geht aktuell davon aus, dass die Fichten unterhalb von 700 Metern großflächig dieses Schicksal ereilen wird.[84]

Ein bezüglich der langfristigen Konsequenzen schwer einzuschätzender Faktor kommt in unseren Wäldern noch hinzu: der großflächige Einsatz schwerster Forstmaschinen. Harvester werden in Deutschland vor allem seit Anfang der 1990er-Jahre eingesetzt. Mit dem Einzug immer größer und schwerer werdender Forstmaschinen in die Wälder hat ein Prozess begonnen, der in seiner folgenschweren Tragweite bisher nicht genau abzusehen und für uns zum Großteil unsichtbar ist. Deshalb werfen wir erneut einen Blick in den Waldboden.

Das Drama der Bodenverdichtung

Ein Harvester kann bis zu 50 Tonnen wiegen, und der Einsatz derart schwerer Maschinen in den Wäldern hat weitreichende und dramatische Konsequenzen.[85]

Jede schwere Maschine – sei es in der Landwirtschaft oder in der Forstwirtschaft – verdichtet den Boden. Aus dem landwirtschaftlichen Kontext ist die sogenannte »Druckzwiebel« bekannt – der Boden wird je nach Breite des Reifens und Gewicht des Gerätes in unterschiedlicher Tiefe geschädigt.

Befahrungsschäden entstehen in bis zu zwei Meter Tiefe. Wie wir im ersten Kapitel erfahren haben, ist das genau die für die Baumwurzeln relevante Zone im Boden, da diese nicht wesentlich tiefer wurzeln.

Eine schwere Maschine hat nicht nur ein hohes Gewicht, sondern auch einen Rütteleffekt – sie vibriert bei laufendem Motor und fährt auf der Fläche vor und zurück. Durch diesen Rütteleffekt werden die Bodenporen wie ein weicher Schwamm zusammengedrückt. Wie man in der Abbildung sehen kann, betrifft das nicht nur den Boden unmittelbar unter der Fahrspur, sondern ebenso die Bereiche bis zu anderthalb Meter neben der Fahrspur.

Für den Boden ist das eine Katastrophe: Ist die Bodenstruktur zerstört, gibt es kaum noch Bodenporen, die in der Lage sind, Luft und Wasser zwischen den Bodenteilchen zu fixieren. Wo kein Sauerstoff und keine Feuchtigkeit sind, können die Bodentiere nicht leben und keine Nährstoffe für die Pflanzen freisetzen, und somit können die Bäume keinen Platz für ihre Wurzeln finden, die ebenfalls Sauerstoff und Feuchtigkeit benötigen, damit der Baum atmen und sich ernähren kann. Nach einer Überfahrt ersticken sogar viele Baumwurzeln; sie sterben ab und erhöhen damit das Risiko für Sturmwürfe. Zudem kommen die nun flach wurzelnden Bäume nicht mehr an das tiefer im Boden gespeicherte Wasser heran und vertrocknen im Sommer dadurch noch schneller.

Apropos Wasser: Die Speicherfähigkeit des Bodens ist dramatisch herabgesetzt. Geht man davon aus, dass in einem

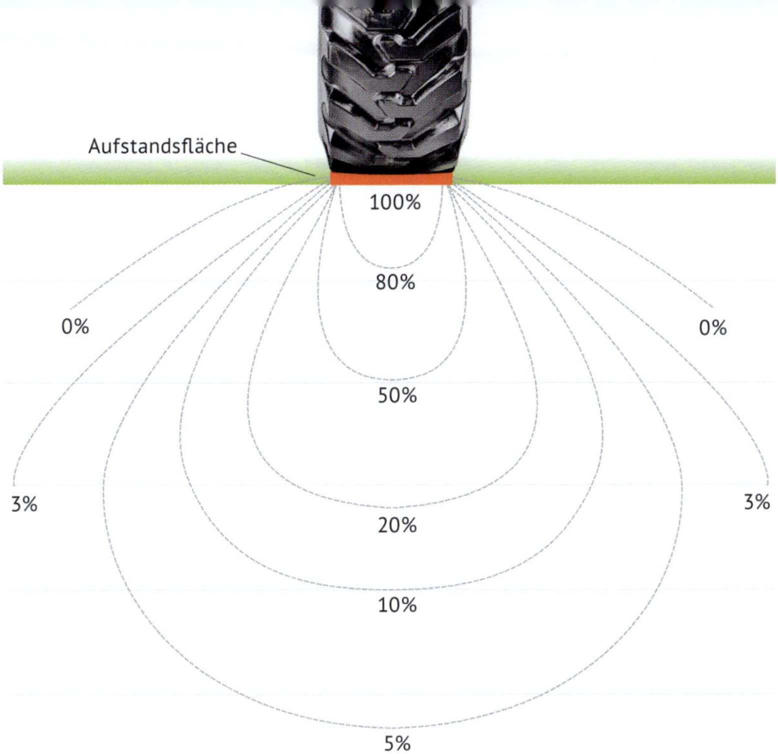

Die Druckzwiebel

Kubikmeter Waldboden bis zu 200 Liter Wasser gespeichert werden können, so verringert sich diese bei einer Überfahrt um bis zu 95 Prozent. Ein ausgewachsener Baum braucht an heißen Sommertagen bis zu 500 Liter Wasser. Für einen intakten Waldboden ist das kein Problem, er liefert genug für Dutzende solcher Tage. Bei einem befahrenen Boden hingegen ist oft schon nach knapp einer Woche Schluss.

Im vorangegangenen Kapitel haben wir bereits gelernt, dass Buchen und Eichen auf Winterniederschläge angewiesen sind. Wollen wir sicherstellen, dass diese Wälder auch zunehmend trockene Sommer überleben, müssen wir unbedingt die Wasserspeicherleistung der Böden erhalten.

Wird der Waldboden im Moment der Überfahrt zusammengedrückt, so hat er anschließend keine Möglichkeit, sich von allein wieder zu entfalten – er bleibt in diesem Zustand, bis eine geologische Gewalt wie zum Beispiel ein Gletscher die Bodenstruktur aufbricht und auflockert. Das dauert bis zur nächsten Kaltzeit – die durch den anthropogenen Klimawandel vermutlich gerade um einige Zehntausend Jahre nach hinten verschoben wird. Für unsere Begriffe ist der Boden erst einmal irreparabel geschädigt – ein Effekt, der sich mit jeder weiteren Überfahrt verstärkt. Lediglich die oberen Zentimeter werden durch Wühltätigkeit von Tieren, wie etwa Wildschweinen und Mäusen, oder aber auch durch Frosthebung wieder etwas gelockert.

Leider werden diese Aspekte in der klassischen Forstwirtschaft nur selten berücksichtigt, obgleich die Problematik mindestens seit den 1980er-Jahren bekannt ist. Intuitiv wussten das sogar die Eifelbauern rund um Wershofen. So ist mündlich überliefert, dass bereits mit Einführung der Traktoren die Sorge aufkam, dass die Maschinen die Böden beschädigen würden.

Argumente für den Einsatz des Harvesters sind zum einen die Kosteneffizienz (zumindest für den Augenblick) und darüber hinaus ein verringertes Unfallrisiko für Waldarbeiter. Welche Auswirkungen dies allerdings langfristig auf die Waldgesundheit – und somit auf die Wirtschaftlichkeit – hat, wird dabei gerne übersehen.

Das Erschreckende daran ist, dass wir die Folgen heute noch gar nicht absehen können. Harvester werden erst seit den 1990er-Jahren im größeren Stil eingesetzt, und die Tendenz ist nach wie vor steigend: Nie zuvor in der Geschichte wurden unsere Wälder so intensiv befahren und verdichtet wie heute. Was das bedeutet, wird sich erst für die nachfolgenden Baumgenerationen zeigen. Denn die Bäume, die man nach den ersten Einsätzen gepflanzt hat, sind heute maximal 30 Jahre alt – ein Alter, in dem Laubbäume in der Regel noch nicht wirtschaftlich genutzt werden. Bei den Nadelbäumen sieht das schon anders aus – doch diese sterben aktuell aufgrund einer Kombination unterschiedlicher Faktoren (Trockenstress, Bodenverdichtung, falsche Anpflanzung) ab.

Abb. rechts: Harvester-Greifarm in einer Fichtenplantage

Die langfristigen Folgen für unsere Wälder können wir bislang also nur erahnen. Die bereits durchgeführten Untersuchungen zur Auswirkung der Bodenverdichtung auf die Waldgesundheit[86] werfen jedenfalls kein gutes Licht auf die gängige Praxis des schweren Maschineneinsatzes.

Waldböden, die austrocknen, enthalten weniger Bodenlebewesen (weil diese schlicht und ergreifend ersticken) und dadurch auch zwangsläufig weniger Humus. Ein Forschungsteam der WSL Schweiz hat nachgewiesen, dass Wassermangel im Boden die Bodenfauna hemmt und sich unmittelbar auf deren Zersetzungsarbeit auswirkt. Wird weniger Humus gebildet, können die Wälder nicht mehr so viel Kohlenstoff speichern. Größere Bodentiere wie Regenwürmer oder Asseln reagieren am empfindlichsten auf Trockenheit – mehr noch als Mikroorganismen und Pilze.[87]

Man kann davon ausgehen, dass wir in Deutschland inzwischen durchschnittlich 50 Prozent geschädigten Waldboden haben. Diese Zahl ergibt sich aus dem dichten Gassennetz, welches wir in wirtschaftlich genutzten Wäldern vorfinden. Damit ein Harvester mit seinem neun Meter langen Greifarm in die Flächen hineinkommt, dürfen die sogenannten Rückegassen nicht weiter als 20 Meter auseinanderliegen, was in der Praxis wie folgt aussieht: Nach einer vier bis fünf Meter breiten Fahrschneise kommt ein 16 Meter breiter Waldblock, dann wieder eine Schneise und so weiter. Selbst dies gilt nur für den Fall, dass die gängigen Vorschriften eingehalten werden. Oft wird allerdings nicht so genau hingeschaut, und die Abstände zwischen den Gassen sind noch geringer (und die Waldblöcke damit noch schmaler). Neuerdings lebt sogar eine lange abgelehnte Praxis wieder auf, bei der nach dem Kahlschlagen ganzer Wälder anschließend der ganze Oberboden abgeschoben und gefräst oder gar gepflügt wird. Das soll die Pflanzung der nächsten Plantage billiger machen. Dabei wird der Boden dann allerdings zu 100 Prozent geschädigt.

Alte Rückegassen verraten sich oft durch spezifische Zeigerpflanzen (Pflanzen, die bestimme Verhältnisse bezüglich Bo-

Binsen auf einer Rückegasse

den und Standort anzeigen). Es gibt nur wenige Pflanzen, die mit verdichteten Böden gut klarkommen. Im Sommer trocknet der Boden rasch vollständig aus, und wenn es dann endlich regnet, steht das Wasser schnell in Pfützen, da es im verdichteten Boden nicht abfließen kann. Das wird auch Badewanneneffekt genannt. Es gibt nicht viele Pflanzen, die beide Extreme gleichzeitig gut ertragen. Eine Ausnahme sind Binsen-Arten, die mit diesen wechselnden Bedingungen zurechtkommen. Findet man im Wald eine grüne Spur aus Binsen, ist das ein eindeutiges Zeichen: Hier ist eine schwere Maschine entlanggefahren.

Viele Menschen argumentieren hinsichtlich dieser Probleme: »Wir müssen eben nun mal Holz ernten! Woher sollen wir es holen, wenn nicht aus den eigenen Wirtschaftswäldern?«

Wir sollten uns an dieser Stelle allerdings eine viel elementarere Frage stellen: Haben wir in wenigen Jahrzehnten überhaupt noch Böden übrig, auf denen ein gesunder Wald wachsen kann?

ZUKUNFTSVISIONEN FÜR DEN WALD

Manchmal würde man sich wünschen, wie ein Hellseher die Zukunft voraussagen zu können. Gerade, was den Wald betrifft, wäre das an vielen Stellen äußerst hilfreich. Trotz der verbesserten Möglichkeiten der Wissenschaft wird ein präziser Blick in die Zukunft kaum möglich sein, denn die Entwicklung des Waldes ist sogar noch deutlich schwerer vorherzusagen als die des Wetters, und selbst da reicht es bekanntermaßen nur für wenige Tage. Im Wald hingegen müsste man Jahrzehnte bis Jahrhunderte in die Zukunft blicken.

Klimafaktoren

Der rasch fortschreitende Klimawandel macht es sehr schwer, Erfahrungen aus der Vergangenheit auf die Zukunft zu projizieren. Aber zumindest lassen sich dank sorgfältiger Forschungsarbeit und der Hilfe von Computern Szenarien zeichnen, die uns einen vagen Blick in kommende Zeiten ermöglichen. In diesem Kapitel wollen wir uns einmal anschauen, wie die Zukunft des Waldes in Deutschland aussehen könnte.

Für den Wald und natürlich auch für uns Menschen werden folgende Faktoren zukünftig noch wichtiger als bisher: Das sind vor allem die Höhe und die Verteilung des Niederschlags, die Entwicklung der Durchschnittstemperatur, die Anzahl der Hitzetage und die Spätfröste (dazu mehr unter dem Punkt »Zukunftsbaumarten«) sowie die Verdunstung. Denn selbst wenn mancherorts die Niederschläge zunehmen, wird mit immer höheren Temperaturen auch die Verdunstung ansteigen. Deshalb spricht man in der Wissenschaft auch von der sogenannten »Klimatischen Wasserbilanz«, die sowohl Niederschlag als auch Verdunstung berücksichtigt.

Schauen wir uns die Faktenlage zu diesen Herausforderungen, mit denen der Wald konfrontiert wird, einmal etwas genauer an.

Durchschnittstemperatur und Hitzetage

Was die Temperatur betrifft, zeigen die Messdaten des Deutschen Wetterdienstes, dass die Durchschnittstemperatur in Deutschland seit 1881 bis 2022 um 1,7 Grad angestiegen ist – Tendenz weiter steigend.[88] Für die Fieberkurve des gesamten Planeten wird in der Regel der Vergleich zur globalen Durchschnittstemperatur im Jahr 1850 gezogen. Zieht man diese Kriterien auch für Deutschland heran, so beträgt die Erwärmung bereits etwa 2,0 Grad Celsius.[89] Das zeigt deutlich, dass Deutschland kein Nebenschauplatz der Klimakrise ist, sondern stärker betroffen sein wird als der globale Durchschnitt. Im Wesentlichen ist dies bedingt durch die geografische Lage.

Vereinfacht gesagt: Je weiter die Entfernung vom Äquator, desto stärker wirkt sich die Klimakrise auf die jeweilige Region aus. Entsprechend ist beispielsweise die Arktis von der Erwärmung betroffen, sie hat sich im gleichen Zeitraum bereits über mehr als drei Grad aufgeheizt.[90] Auffällig ist, dass insbesondere in den letzten drei Jahrzehnten mit lediglich zwei Ausnahmen nur noch deutlich zu warme durchschnittliche Jahrestemperaturen registriert wurden. Ein klarer Trend, der dem globalen Muster folgt.

Für unsere Zukunftsvision gilt es nicht nur, diesen Status quo zu betrachten, sondern doch auch einmal einen Blick in die Glaskugel zu werfen. Auf globaler Ebene wagt der Climate Action Tracker,[91] ein Analysewerkzeug, an dem unter anderem das Potsdam-Institut für Klimafolgenforschung mitarbeitet, eine Prognose für die Temperaturentwicklung, die auch die politischen Ziele und Handlungen weltweit einbezieht. So,

Temperaturanomalie Deutschland Januar 1881–2023

Referenzzeitraum 1961–1990

Quelle: Deutscher Wetterdienst

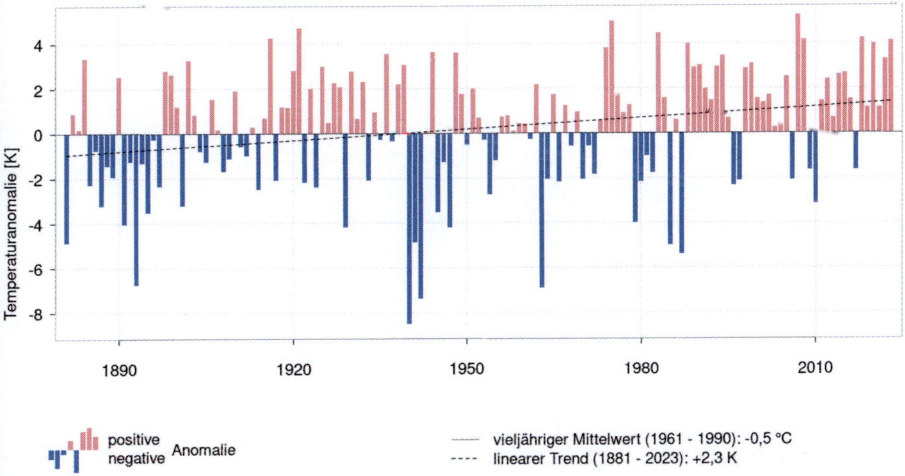

wie die weltweite Politik momentan agiert, landen wir bis zum Jahr 2100 vermutlich bei einer Steigerung der globalen Durchschnittstemperatur von 2,7 Grad. Wenn sich die Regierungen weltweit jedoch an die gesteckten Ziele, die zum Großteil in den jährlich stattfindenden Klimakonferenzen festgelegt und niedergeschrieben werden, halten und danach handeln, könnten wir die Erwärmung im gleichen Zeitraum auf 1,8 Grad begrenzen. Übertragen wir diese Prognosen auf Deutschland und berücksichtigen, dass die globale Erwärmung hier in der Vergangenheit bereits fast doppelt so schnell erfolgt ist, liegen die zu erwartenden Veränderungen bis zum Ende des Jahrhunderts hier eher in einem Bereich von 3,5 bis 6 Grad. Dabei gilt es allerdings zu beachten, dass es nicht nur einfach wärmer wird, sondern dass mit den gestiegenen Temperaturen auch Extremwetterereignisse wie Überschwemmungen oder Dürren und die damit verbundenen Probleme wie Hungersnöte, Krankheiten und Flucht verbunden sind.

Auf steigende Temperaturen sowie damit einhergehend eine höhere Anzahl an Hitzetagen müssen sich Wald und Mensch also einstellen.

Niederschlag

Die Tendenz für die Höhe des durchschnittlichen Jahresniederschlags ist, ebenso wie die der Temperatur, steigend. Im Gegensatz zum Temperaturanstieg ist diese Entwicklung, vor allem aus Sicht der Bäume, allerdings erfreulich. Denn welcher Baum freut sich nicht über durststillende Tropfen von oben? Die Folgen der Temperaturentwicklung könnten durch die Zunahme der Niederschläge daher etwas abgemildert werden.

Leider ist die Zunahme des Niederschlags jedoch nicht so gravierend wie die der Temperatur, und auch die Prognosen für die Zukunft sind deutlich variabler. Die vergangenen zehn Jahre lagen beispielsweise fast alle unter den eigentlich durchschnittlich zu erwartenden Regenmengen. Entscheidend ist natürlich auch, wann das ersehnte Nass vom Himmel fällt. Hier geben die Messdaten etwas Anlass zur Hoffnung, denn diese zeigen, dass die Winterniederschläge tendenziell zunehmen.

Anstieg der globalen Durchschnittstemperatur bis 2100

Stand Dezember 2023

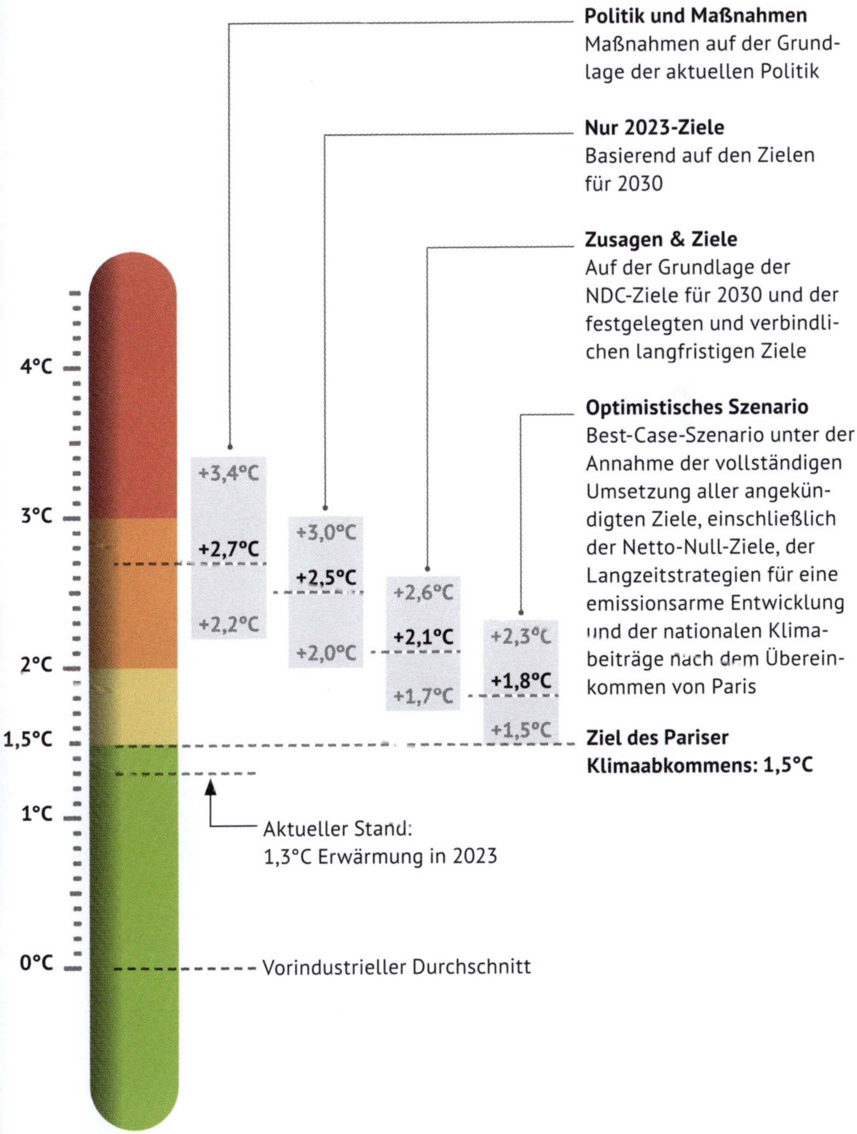

Aus den vorherigen Kapiteln wissen wir bereits, dass Laubbäume absolute Winterwasser-Fans sind. Da kommt der Trend gerade richtig. Wenn wir der Natur freien Lauf lassen, könnten die Wälder mit den zahlreichen Strategien, die sie entwickelt und die wir uns bereits angeschaut haben, trocken-heiße Zeiten gemeinschaftlich gut überstehen, falls die avisierten Klimaschutzmaßnahmen endlich konsequent umgesetzt werden. Durch Städtebau, intensive Forstwirtschaft, Straßen und alle anderen menschlichen Eingriffe machen wir es ihnen jedoch sehr schwer. Der Dürremonitor des Helmholtz-Instituts zeigt sehr eindrücklich, dass selbst die gestiegenen Winterniederschläge in den letzten Jahren nicht ausgereicht haben, um die Wassertanks des Bodens in Tiefen bis 1,8 Meter, also dort, wo die Baumwurzeln das Wasser suchen, aufzufüllen. Dürre ist längst kein Zustand mehr, der sich auf Wüstengegenden beschränkt, sondern hat in den letzten Jahren sommers wie winters auch in Deutschland Einzug gehalten.

Ganz wesentlich für die Zukunftschancen des Waldes und damit für uns alle wird es sein, dass Politik und Gesellschaft die im Pariser Klimaabkommen vereinbarten Ziele umsetzen. Sollte der bisherige Emissionspfad nicht bald verlassen werden, könnte sich Deutschland von einem grünen Land hin zu einer lebensfeindlichen Steppe verändern. Dass dies keine realitätsfernen Prognosen sind, zeigen die Veränderungen der Landschaft bereits in einigen ostdeutschen Landesteilen, die jetzt schon besonders trocken sind.

Wie wir inzwischen gesehen haben, verfügt der Wald aber auch über verblüffende und ermutigende Möglichkeiten, die Folgen des Klimawandels abzumildern. Die entgegengestreckte helfende Hand des Waldes können wir allerdings nur ergreifen, wenn das Klima in Deutschland eines bleibt, welches grundsätzlich die Existenz von Wald ermöglicht. Der Schutz des Klimas und damit unser aller Lebensgrundlagen muss entsprechend viel engagierter und ehrgeiziger erfolgen, als es bisher der Fall war. Dafür ist es im Übrigen, anders als oft behauptet, nie zu spät.

Mit jedem Tag, den wir hadern, zaudern und die Politik Lobby-

Niederschlagsanomalie Deutschland Jahr 1881–2023

Referenzzeitraum 1961–1990

Quelle: Deutscher Wetterdienst

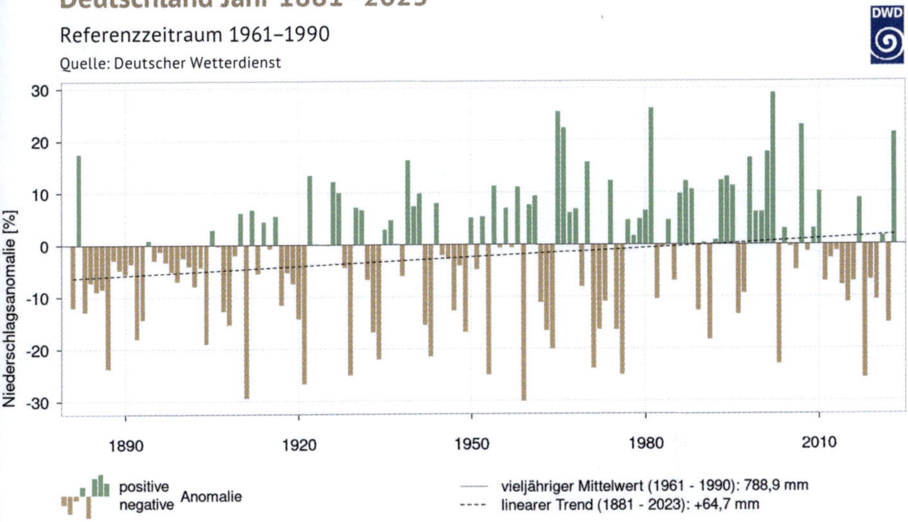

verbänden überlassen, wird der Kampf gegen den Klimawandel lediglich teurer, anstrengender und kostet nicht zuletzt auch immer mehr Menschenleben. Sollte uns das nicht Anlass genug sein, die notwendigen Transformationen endlich angemessen und gemeinschaftlich anzugehen? Einen Verbündeten hierfür haben wir bereits an unserer Seite – den Wald.

Waldbrand

Waldbrände sind in unseren Breiten kein natürliches Phänomen, denn ursprüngliche Laubwälder können nur sehr schwer Feuer fangen. Buchen, Eichen und andere belaubte Baumarten enthalten im Gegensatz zu Nadelbäumen praktisch keine ätherischen Öle, kein Harz, keine Terpene, stattdessen aber viel Wasser im Holz. Deshalb brennt frisches Laubholz auch nicht in einem Lagerfeuer, sondern zischt qualmend vor sich hin.

Ganz anders sieht das jedoch bei Nadelbäumen aus, speziell wenn sie im Sommer aufgrund von Regenmangel langsam austrocknen. Gerade die großen monotonen Fichten- und

Kiefernplantagen werden dann leicht ein Opfer der Flammen. Dabei spielt das Totholz gar keine große Rolle, ganz im Gegenteil. Die dicken, vermodernden Stämme mit ihrem gespeicherten Wasser wirken eher wie Feuerbremsen und dämpfen die Brandtemperaturen erheblich. Was hingegen besonders leicht brennt, ist das Reisig auf großen Kahlschlägen, die sich in der Sonne aufheizen und dadurch knochentrocken werden. Allerdings entzündet sich auch hier kein Feuer durch Blitzschlag, Glasscherben oder gar Selbstentzündung. Blitze sind in unseren Breiten Begleiter von Gewittern, also Starkregenfällen, die jeden Brand gleich wieder löschen. Mit Glasscherben lässt sich selbst unter Idealbedingungen im Labor kein Brand entfachen, und Selbstentzündung ist aufgrund der dafür notwendigen Temperaturen von rund 300 Grad Celsius praktisch ausgeschlossen – so heiß wird Holz selbst bei größter Sommerhitze nicht. Es ist also davon auszugehen, dass immer Brandstiftung der Auslöser ist, fahrlässig oder vorsätzlich.

Bäume, die von Natur aus mit Feuer zu leben gelernt haben, bilden eine dicke flammhemmende Rinde aus, wie etwa die Küstenmammutbäume Nordamerikas. Natürlicherweise kommen Baumarten mit einer solch beeindruckenden Strategie nicht in Deutschland vor. So viele Ressourcen in eine dicke schützende Haut zu stecken, hat sich bei den von Natur aus extrem seltenen Bränden in Deutschland schlichtweg nicht gelohnt. Niemand haushaltet besser mit den Ressourcen als Sparmeister Natur. Festzuhalten bleibt also: Auch in einem heißer und tendenziell trockener werdenden Klima müssen kilometerhohe Rauchsäulen und Menschen, deren gesamte Existenz Raub der Flammen wurde, nicht zur Normalität werden. Ganz im Gegenteil. Schaffen wir den Switch von naturfernen Nadelbaumplantagen wieder hin zu den ursprünglichen Laubwäldern, haben wir ein Problem weniger, um das wir uns kümmern müssen. Neben einem konsequenten Waldumbau gilt es dafür natürlich auch unbedingt, für die Gefahren des Feuers zu sensibilisieren und potenzielle Brandursachen aus den Wäldern zu halten. Alles in allem aber ein Problem, für das die Lösungen schon längst auf der Hand liegen.

Wie gehen wir aktuell mit dem Wald um?

In der aktuell gängigen Forstpraxis muss der Wald als Ökosystem in den meisten Fällen zurückstecken. Um diesen Eindruck zu gewinnen, muss man kein Experte in Sachen Forstwissenschaften sein. Viele Menschen überkommt ein ungutes Gefühl angesichts des Umgangs mit dem Wald, wenn sie draußen unterwegs sind. Schauen wir uns deshalb nachfolgend einmal die unterschiedlichen Faktoren unseres Umgangs mit dem Wald an. Schnell wird dann klar, dass dieses ungute Gefühl zwar durchaus berechtigt ist, aber zwischen all den Bedenken auch immer wieder Funken der Zuversicht aufblitzen.

Holzeinschlag in Deutschland

Der Fokus der Forstwirtschaft liegt aktuell darauf, Bäume zu fällen, um das Holz anschließend zu vermarkten und gewinnbringend zu verkaufen. Über das Jahr gesehen kommt daher einiges zusammen, was wir dem Wald entnehmen. Für das Jahr 2022 wurden nach Schätzungen des Thünen-Instituts 80,7 Millionen Kubikmeter Holz eingeschlagen.[92] Diese Zahl spiegelt aber noch nicht die ganze Wahrheit wider, da darin nur die verwertbaren Stammteile, nicht jedoch Rinde, Äste, Baumstümpfe und Krone enthalten sind. Nimmt man diese hinzu, waren es in 2022 mindestens 100,88 Millionen Kubikmeter Holz, das geerntet wurde. Mindestens, weil gar nicht die gesamte Holzernte amtlich erfasst wird.

Ist das nun viel oder wenig? Nach einer Berechnung des Öko-instituts, die wir uns später in diesem Kapitel noch genauer anschauen werden, kann unser Wald jedoch nur ca. 62 Millionen Kubikmeter Holzentnahme pro Jahr verkraften, ohne völlig an seine Belastungsgrenze zu kommen. Auch das Umweltbundesamt veröffentlicht eine Statistik über die Nutzung des »nutzbaren Zuwachses«. Die zugegeben etwas sperrige Bezeichnung sagt aus, wie viel wir von dem nachwachsenden Holz nutzen könnten, ohne den Wald zu übernutzen. Das Ergebnis ist schockierend. 2020 wurden bereits 147 Prozent des »nutzbaren Zuwachses« genutzt.[93]

Wir muten dem Wald aktuell also weit mehr zu, als er verschmerzen kann. Das kann auf Dauer nicht gut gehen. Eine schwedische Studie zeigt allerdings, dass selbst eine mäßige Verringerung der Erntemengen bereits erhebliche Vorteile für das Klima mit sich bringen und helfen würde, dem weltweiten Anstieg der Durchschnittstemperaturen entgegenzuwirken.[94]

Bäume produzieren Biomasse nicht für uns Menschen, sondern für das Funktionieren ihres Körpers und des gesamten Ökosystems. Jeder entfernte Kubikmeter schwächt dieses System und sorgt für einen Temperaturanstieg im Wald sowie für einen Rückgang der Feuchtigkeit. Der Grund: Durch die Lücken im Kronendach scheint die Sonne bis auf den Boden und erwärmt das auf Kühlung ausgelegte Ökosystem. Mit zunehmendem Klimawandel verträgt der Wald immer weniger Aderlass in Form von Baumfällungen, sodass die maximal mögliche Holzernte ständig sinkt.

Öko-Rohstoff Holz? Im Gegenteil! Im Juli 2023 ist eine Studie in der renommierten Fachzeitschrift Nature erschienen, die davon ausgeht, dass die globale Holzernte zwischen 2010 und 2050 Kohlenstoffkosten von 3 500 000 000 bis 4 200 000 000 Tonnen CO_2 verursachen wird.[95]

Lücken im Kronendach

Auch im Kronendach bleibt die Holzernte nicht unbemerkt. Jeder Baum, der von seinem Platz gezerrt wird, reißt eine Lücke in das sonst so dichte, schützende und kühlende Kronendach des Waldes. In Kapitel 4 und 5 haben wir gelernt, dass Waldbäume es gar nicht schätzen, wenn ihnen Licht gemacht wird. Ihr Wohlfühlklima wird zerstört, und das soziale Netzwerk zwischen den Bäumen zerreißt. Durch die Erwärmung des Bodens zersetzt sich der wertvolle Humus schneller und setzt beispielsweise Nitrat frei. Dadurch breiten sich Brennnesseln und Brombeeren, die im Wald normalerweise nicht großflächig vorkommen, aus. Der Baumnachwuchs hat es nun viel schwerer, in diesen Dickichten aufzuwachsen. Brombeeren sind nämlich wintergrün. Sie überwuchern im Sommer die jungen Schösslinge. Schneit es dann im Winter, so bleibt viel Schnee auf den

Brombeerblättern liegen und drückt die Ranken mitsamt dem Baumnachwuchs zu Boden. Auf die Art verhindert die Brombeere, dass die Bäume sie überwachsen. Zudem stehen hier im Winter die Rehe, die sonst kaum noch grüne Vegetation finden. Sie fressen mit Vorliebe die Brombeerblätter ab und dann als Nachtisch gleich auch noch die Triebe junger Buchen oder Eichen. Eine Forstwirtschaft, die sich über zu viel Wildfraß an Setzlingen beschwert und gleichzeitig durch zu starken Holzeinschlag die Brombeere fördert, ist also betriebsblind.

Monokulturen

Für die Forstwirtschaft sind fein säuberlich abgegrenzte Parzellen, in denen Bäume derselben Art und des gleichen Alters in Reih und Glied nebeneinanderstehen, äußerst praktisch. Für die Pflanzung, die Ernte, das Sägewerk und die Weiterverarbeitung sind sie gut planbar. Da weiß man, was man hat, und es gibt keine bösen Überraschungen. Zumindest in der Theorie. Dass die Natur zum Teil ganz andere Pläne verfolgt und sich nicht gerne eingrenzen lässt, wird hierbei nicht berücksichtigt.

Die Art, Bäume quasi wie Getreide in Feldern anzubauen, stammt aus vergangenen Jahrhunderten. Damals hatte man die Wälder ausgeplündert, und es herrschte Holzmangel. Dem wollte man vorbeugen, indem nicht mehr geerntet werden sollte, als nachwachsen konnte. Die beste Kontrollmöglichkeit war, für jeden Jahrgang ein eigenes Feld anzulegen – bei Baumarten, die 100 Jahre alt werden können, also 100 Felder. Holzte man nun jedes Jahr ein Feld ab und pflanzte eines nach, so sollte das Holz niemals ausgehen. In diesem Sinne wurde die Nachhaltigkeit erfunden – es ging damals allerdings um die nachhaltige Menge, nicht um Ökologie.

Wenn wir an unsere Familien denken, gibt es dort Mamas, Papas, Omas, Opas, Tanten, Onkel, Kinder und Jugendliche. Eine richtige Familie besteht aus jungen und alten, großen und kleinen, lauten und leisen, wilden und ruhigen Mitgliedern. Eine Monokultur hingegen ist vergleichbar mit einem Waisenhaus, in dem die Kinder ohne Betreuung leben. Die jugendlichen Bäume sind auf sich allein gestellt und können weder vom reichen Erfahrungsschatz der Eltern und Großeltern profitieren, noch erfahren sie in schwierigen Zeiten die Unterstützung der Familie. Das macht nicht nur Baumarten zu schaffen, die aus fernen Gebieten bei uns eingeführt wurden, sondern auch solchen, die sich eigentlich bei uns richtig wohlfühlen. Daher bekommt selbst die Buche Probleme, wenn sie in einer Holzplantage angepflanzt wird und ohne die Familie aufwachsen muss. Eine Aneinanderreihung von Bäumen ist eben noch lange kein Wald.

Wer nicht im erzieherischen Schatten seines Mutterbaums aufwächst, bekommt zu viel Licht. Dieses wird in die Zuckerproduktion und damit in rasches Wachstum investiert, bei dem sich die Bäume regelrecht verausgaben. Plantagenbäume werden daher nicht so alt wie Urwaldbäume. Försterinnen und Förster sprechen von der Lichtmast, was bedeutet, dass Bäume mit Sonnenstrahlen gemästet werden, ganz ähnlich wie die Schweine in der Massentierhaltung.

Zukunftsbaumarten

Schnelles, gerades Wachstum, keine lästigen Äste, Beständigkeit gegenüber Hitze und Trockenheit – die Suche nach der Zukunftsbaumart beschäftigt die Forstwirtschaft schon seit langer Zeit. Bereits seit Ende des 18. Jahrhunderts baut man die Fichte in großen Reinbeständen an, wodurch sie heute die häufigste Baumart in Deutschland ist. Und dieser Trend hält weiter an. So werden zum Teil immer noch neue Fichten gepflanzt, obwohl gerade die vergangenen Jahre gezeigt haben, dass sie sich in weiten Teilen Deutschlands überhaupt nicht wohlfühlen.

Weil man von der Nadelholzproduktion nicht lassen möchte, versucht man inzwischen, die schwächelnde Fichte zu ersetzen, etwa durch die nordamerikanische Douglasie, die ab dem frühen 20. Jahrhundert zunehmende Beliebtheit in der deutschen Forstwirtschaft erlangte.[96] Doch auch für die Douglasie wird es bei uns immer ungemütlicher. Seit dem Jahr 2022 gibt es sogar ein eigenes Forschungsprojekt, welches den Rückgang der Vitalität der Douglasie in Deutschland untersucht.[97] Das verwundert auch nicht, stammt die bei uns angebaute Küstendouglasie doch aus dem pazifischen Nordwesten Nordamerikas, wo es sehr viel mehr regnet als bei uns. Solche Bäume als Ersatz für Fichten in einer zunehmend trockeneren Landschaft zu wählen ist schon ein wenig merkwürdig.

In Zeiten des Klimawandels sucht man nach Baumarten, die möglichst gut auf Hitze und Trockenheit eingestellt sind, und scheint dabei nach dem Motto vorzugehen, je exotischer, desto besser. So halten amerikanische Roteichen, Atlas- und Libanonzedern oder die Schwarznuss Einzug in unsere Wälder. Die Zehntausenden Arten von Lebewesen, die von der Biomasse der Bäume abhängen, bekommen dadurch massive Probleme, denn Baum ist nicht gleich Baum; jede Art produziert ganz eigene chemische Substanzen. So ist das Laub der Roteiche beispielsweise geradezu toxisch für das Bodenleben.[98]

Oft werden mit derartigen Plantagen eher grüne Wüsten denn intakte Ökosysteme erzeugt. Und wozu das alles? Immerhin zeigen uns gesunde heimische Laubwälder, bestehend aus einer Mischung aus Buchen, Eichen, Hainbuchen und einer Vielzahl weiterer Baumarten, dass sie die Unterstützung der Exoten nicht benötigen und es mit den Herausforderungen des Klimawandels aufnehmen können, wenn wir sie nur lassen. Solche alten Laubwälder haben die Trockenjahre zwischen 2018 und 2022 noch relativ gut überstanden. Es geht eben um Ökosysteme, die funktionsfähig sind und als Ganzes reagieren, und nicht nur um einzelne Komponenten wie Baumarten.

Liegt der Fokus hingegen nur bei den Baumarten, kann man schnell den Verlockungen der »Zukunftsbaumarten« erliegen. Diese scheinen oft besonders unempfindlich gegen Witterungsextreme und Schädlinge. Doch warum sind diese Exoten unseren heimischen Baumarten vermeintlich so überlegen? Sie wurden aus einem gänzlich anderen Ökosystem eingeführt, meist aus Asien oder Nordamerika, und da niemand die Fremden kennt, hat sie auch niemand zum Fressen gerne. Wird es also heiß und trocken, leiden auch diese Bäume unter den Extrembedingungen. Anders als bei den heimischen Baumarten wie der Fichte wird diese Schwäche jedoch nicht zusätzlich von Borkenkäferarten oder anderen Insekten ausgenutzt, die sich darüber freuen, den geschwächten Baum nun zur Strecke bringen zu können.

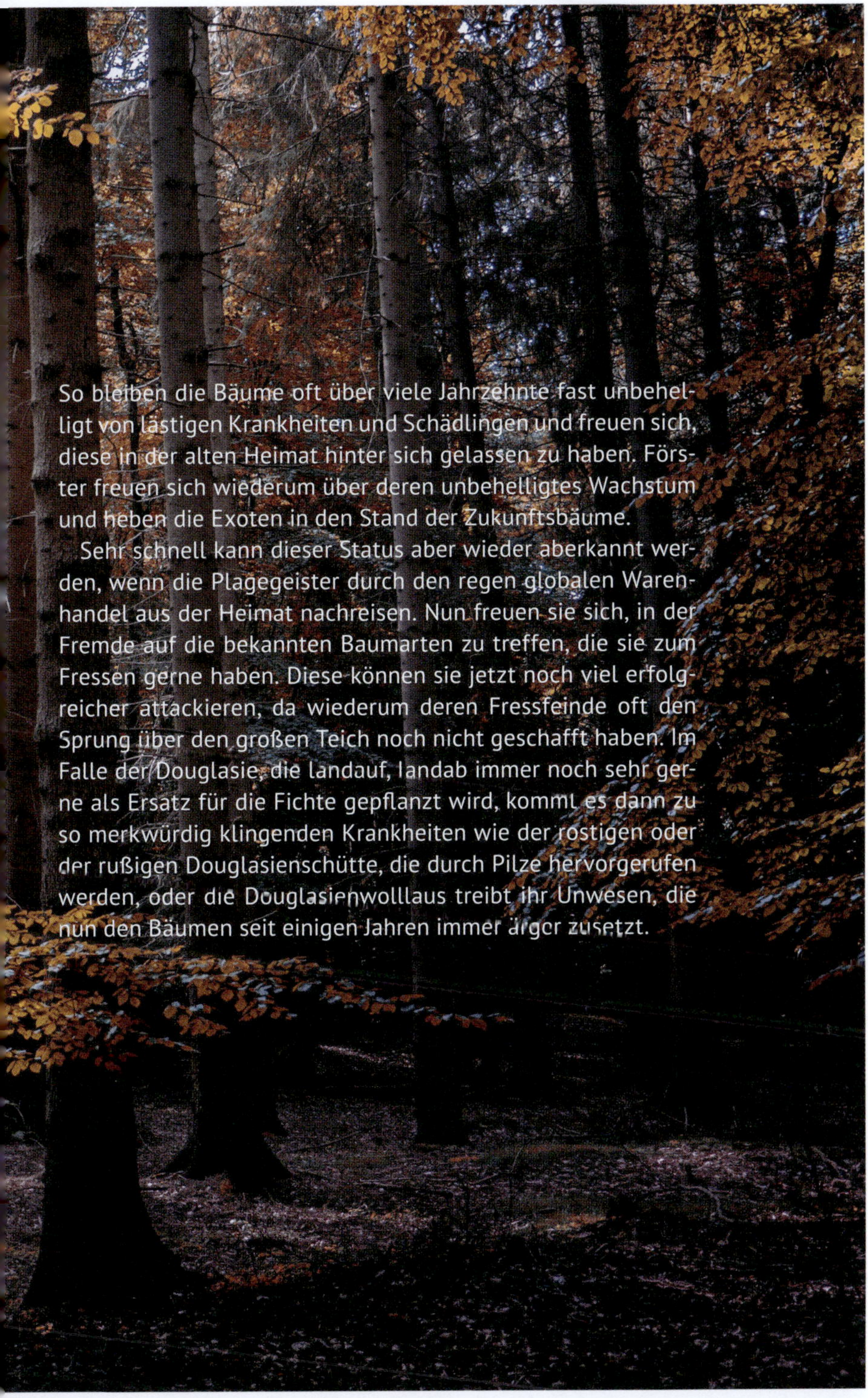

So bleiben die Bäume oft über viele Jahrzehnte fast unbehelligt von lästigen Krankheiten und Schädlingen und freuen sich, diese in der alten Heimat hinter sich gelassen zu haben. Förster freuen sich wiederum über deren unbehelligtes Wachstum und heben die Exoten in den Stand der Zukunftsbäume.

Sehr schnell kann dieser Status aber wieder aberkannt werden, wenn die Plagegeister durch den regen globalen Warenhandel aus der Heimat nachreisen. Nun freuen sie sich, in der Fremde auf die bekannten Baumarten zu treffen, die sie zum Fressen gerne haben. Diese können sie jetzt noch viel erfolgreicher attackieren, da wiederum deren Fressfeinde oft den Sprung über den großen Teich noch nicht geschafft haben. Im Falle der Douglasie, die landauf, landab immer noch sehr gerne als Ersatz für die Fichte gepflanzt wird, kommt es dann zu so merkwürdig klingenden Krankheiten wie der rostigen oder der rußigen Douglasienschütte, die durch Pilze hervorgerufen werden, oder die Douglasienwolllaus treibt ihr Unwesen, die nun den Bäumen seit einigen Jahren immer ärger zusetzt.

Da ihnen die Unterstützung der aus Abertausenden Arten bestehenden Lebensgemeinschaft fehlt, also beispielsweise von Vogelarten, die sich wiederum auf den Verzehr der Douglasienwolllaus spezialisiert haben, hält nun immer häufiger auch der Tod in den Douglasienplantagen Einzug. Eine Lösung für dieses Problem liegt auf der Hand. Warum nicht einfach die Feinde etwa der Douglasienwolllaus importieren und den Bäumen so aus der Patsche helfen? Tatsächlich gibt es für genau dieses Vorgehen weltweit zahlreiche Beispiele, und alle führen zu dem gleichen Ergebnis: Der zusätzliche Exot lindert vielleicht zunächst das Problem, schafft aber gleichzeitig zig neue, da auch er nicht in das hochkomplexe, über Jahrmillionen entstandene System eingebunden ist. In nicht wenigen Fällen kam es so sogar zum Aussterben einiger der ursprünglich in dem Gebiet beheimateten Arten. So ist eine der Ursachen für das dramatische globale Artensterben genau diese invasive Ausbreitung von durch den Menschen bewusst oder unbewusst eingeführten Arten.

Was bei dem Fokus auf Trockenheit und Hitze zudem nahezu gänzlich vergessen wird, ist, dass es durchaus auch noch mal richtig kalt werden kann. Der Golfstrom verhindert bei uns momentan lang anhaltende, klirrend kalte und schneereiche Winter, wie wir sie beispielsweise aus Kanada kennen. Allerdings liegt Berlin geografisch auf der gleichen Höhe wie das kanadische Lytton. Dort wurde es übrigens 2021 mit knapp 50 Grad Celsius rekordverdächtig heiß, ehe der Ort einem Feuer zum Opfer fiel.

Wie Forschungen zeigen, schwächt sich dieser ausgleichende Strom gerade ab, sodass uns zukünftig ebenfalls härtere Kältephasen ereilen könnten, selbst wenn sie deutlich seltener auftreten als heute. Wärmeliebende Exoten kann es dann im wahrsten Sinne kalt erwischen.[99] Unsere heimischen Laubbäume hingegen können durchaus auch mit Kälte umgehen. Nicht selten kommt es auch Ende Mai noch einmal zu frostigen Perioden, die gefährlich für die frisch ausgerollten Blättchen sein können. Sollte das frische Grün von Buche, Eiche & Co. erfrieren, haben die Bäume Energiereserven gebildet, um neue Triebe wachsen zu lassen und trotz des Spätfrostes in den Sommer starten zu können.

Entsprechend braucht es keine neuen Zukunftsbaumarten, sondern mehr Vertrauen in und eine Stärkung der heimischen Lebensgemeinschaften. Das Hauptverbreitungsgebiet der Rotbuche liegt natürlicherweise in Deutschland, etwa ein Viertel ihres ursprünglichen Vorkommens liegen in unserem kleinen Land.[100] Buchenwälder wachsen auch im Süden Italiens oder in Spanien, doch bei uns fühlen sie sich von Natur aus mit am wohlsten. Klimaveränderungen, die noch im Bereich einer Umsetzung des Pariser Klimaabkommens liegen, sollten die Lebensgemeinschaft der Buchenwälder auf den meisten Standorten entsprechend verkraften, wenn wir sie nicht zusätzlich schwächen.

Schon jetzt wachsen zudem in naturnahen Buchenwäldern, oft im Verborgenen und eher einzeln eingestreut, Baumarten, die noch besser an Hitze und Trockenheit angepasst sind. Beispiele hierfür sind der Speierling oder die Elsbeere. Unter ungünstigen Bedingungen wie schlechten Bodenverhältnissen oder im Regenschatten der Mittelgebirge spielen diese Baumarten schon jetzt eine zunehmend wichtigere Rolle. Von einem tendenziell wärmer werdenden Klima könnten diese Spezialisten sogar profitieren und eventuelle Lücken, die die Buche an mancher Stelle hinterlassen könnte, viel besser schließen als mögliche Zukunftsbaumarten.

Exkurs: Alexander von Humboldt

Den rastlosen, wissensdurstigen und abenteuerlustigen Alexander von Humboldt trieb es zeit seines Lebens (1769–1859) hinaus in die Natur. Alles, was ihm über den Weg lief, sei es kleines Pflänzchen, großer Baum, mächtiger Berg, wildes Tier oder das Wetter – einfach alles wurde von ihm genauestens studiert, vermessen und beobachtet. Seine große Gabe lag darin, seine Erkenntnisse nicht losgelöst zu betrachten, sondern stets das große Ganze im Blick zu behalten. Für von Humboldt war die Natur ein großes Netzwerk, und es war ihm ein Anliegen, zu verdeutlichen, dass und wie sehr alles mit allem zusammenhängt. So erkannte er schon früh ökologische Zusammenhänge, die für uns in Zeiten des Klimawandels bedeutender denn je geworden sind.
Während seiner fünfjährigen Südamerikareise durchwanderte er 1800 die Llanos, eine weite, öde, von Grasbüscheln und wenigen Palmen bewachsene Ebene, die sich durch Venezuela und Kolumbien zieht. Nachdem er zuvor viele Monate im dichten Regenwald verbracht hatte, fiel ihm der Einfluss der fehlenden Bäume in dieser Ebene sofort auf. Die dort lebenden Menschen betrieben bereits intensive Landwirtschaft und fällten hierfür Baum um Baum. Schon damals war es in den Llanos unerträglich heiß und trocken. Für Humboldt waren die Zusammenhänge zwischen diesem trockenheißen Klima und dem Handeln der Menschen eindeutig. Bereits vor mehr als 200 Jahren stellte er fest, dass Wälder Klimaregulatoren und Regenmacher sind und wir unseren Umgang mit der Natur dringend überdenken müssen.
Für Naturvölker, die seit jeher in und mit der Natur leben, sind solche Zusammenhänge, auch ohne wissenschaftliche Studien, ganz selbstverständlich. Wir müssen der Natur nur zuhören, sie beobachten, dann gibt sie uns die Antworten von ganz allein.[101]

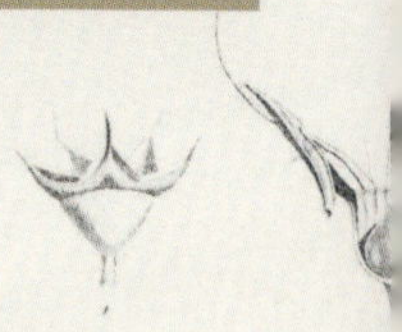

Wann speichert Wald wirklich dauerhaft Kohlenstoff?

Dick und alt – was bei uns Menschen eher verpönt ist, ist für Bäume ein Lebensziel, das wir unterstützen sollten. Eine internationale Studie, in der 48 Waldstücke weltweit untersucht wurden, zeigt, dass durchschnittlich 1 Prozent der dicksten Bäume im Wald ganze 50 Prozent der oberirdisch lebenden Biomasse ausmachen.[102] Dort, wo ein Wald natürlich gewachsen ist und viele dicke, alte Bäume leben dürfen, wird also Jahresring um Jahresring besonders viel Kohlenstoff langfristig gespeichert.

Allerdings beschränkt sich die Bedeutung der Giganten nicht nur auf den oberirdischen Kohlenstoff, der in den mächtigen Stämmen gespeichert ist. Weitgehend unbeachtet ist der Kohlenstoff, der im Waldboden steckt und für den kolossale Bäume unerlässliche Hüter sind. So zeigen Studien, dass unter den Stämmen und Wurzeln mächtiger Waldriesen rund 7 Prozent mehr Kohlenstoff gespeichert ist als in den Lücken zwischen den Bäumen.[103]

Kleine, dünne Bäumchen, die als Ausgleich für die Fällung dicker Bäume gepflanzt werden, können die Fußstapfen der Alten lange Zeit nicht ausfüllen. In ihren heranwachsenden Baumkörpern ist nicht genügend Platz, um dieselbe Menge Kohlenstoff zu speichern wie in ihren großen Vorgängern. Auch Schatten spenden die kleinen Kronen kaum, sodass Bodenkohlenstoff noch über viele Jahre freigesetzt wird.[104]

Es dauert mindestens einige Jahrzehnte, bis die nachwachsenden Bäume die Bewahrerrolle der alten Bäume wenigstens ansatzweise eingenommen haben. Jung und frisch ist eben nicht immer gut, und statt im Wald aufzuräumen, um anschließend neue Bäume zu pflanzen, sollte der Schutz naturnaher Wälder mit dicken Baumriesen Priorität haben.

Holzverbrauch in Deutschland

»Aber wir brauchen das Holz doch, und wenn wir die Bäume nicht bei uns fällen, werden irgendwo anders auf der Welt Wälder zerstört« lautet häufig die Reaktion, wenn man seine Bedenken laut äußert. Aber stimmt das wirklich? Was passiert eigentlich mit dem ganzen Holz, das wir der Waldgemeinschaft entziehen?

Im Raum stehen 125 800 000 Kubikmeter Rohholzäquivalent (Stand 2020), die wir in Deutschland jährlich verbrauchen.[105] Rund die Hälfte dieser Menge wurden in regulären Jahren dem Wald entnommen. Den Holzbedarf, den wir nicht aus eigenen Wäldern decken können, müssen wir unweigerlich aus dem Ausland importieren. Um ein Gefühl dafür zu bekommen, wie riesig dieser Hunger ist, hilft der weltweite Vergleich.

Pro Kopf und Jahr liegt der Durchschnitt des weltweiten Holzverbrauchs bei 0,5 Kubikmeter, während in Deutschland jede Person durchschnittlich 1,5 Kubikmeter und damit rund das Dreifache an Holz verbraucht. Noch deutlicher zeigt ein Bericht des WWF aus dem Jahr 2022 unseren Holzhunger auf. Im Auftrag des WWF bestimmte die Universität Kassel gemeinsam mit dem Center for Environmental Systems Research für das Jahr 2020 die einigermaßen verträglich zu erntende globale Holzmenge auf etwa 3,0 Milliarden Kubikmeter Rohholzäquivalent (inkl. Rinde und Ernteresté). Geerntet wurden hingegen ca. 4,3 – 5,0 Milliarden Kubikmeter.[106]

So weit, so beunruhigend. Schon jetzt ernten wir als Weltgemeinschaft also deutlich mehr Bäume, als wir eigentlich dürften. Wie würde es sich nun verhalten, wenn alle Menschen den angeblich so umweltbewussten Deutschen nacheifern würden? Dann wären es etwa 12,8 Milliarden Kubikmeter, also ungefähr viermal so viel, wie die Wälder weltweit verkraften könnten.

Quiz

Bevor du weiterliest, hast du vielleicht wieder Lust auf ein kleines Quiz. Schau dir den nachstehenden Holzverbrauch-Kuchen an und überlege, wie du die Kuchenstücke unserem Holzhunger zuordnen würdest. Folgende Leckerbissen gilt es zu verteilen:

- **die energetische Nutzung, oder einfacher gesagt: die Verbrennung von Holz**
- **die Papiernutzung**
- **die stoffliche Nutzung, also das Holz, das wir für Möbel, Häuser etc. nutzen**

Die Auflösung findest du am Ende des Buches Seite 308.

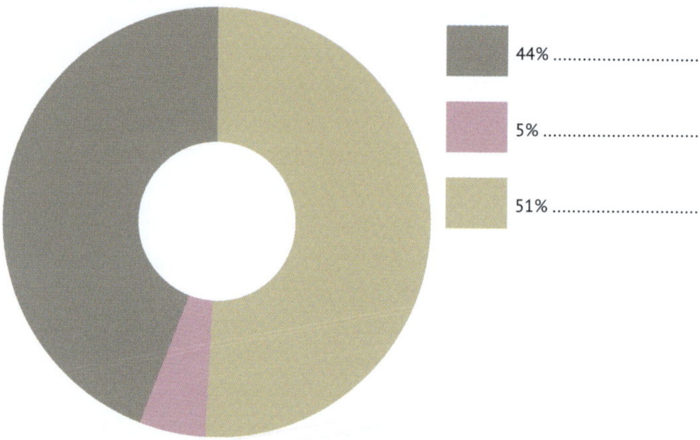

Na, überrascht? Tatsächlich landet rund die Hälfte des in Deutschland verbrauchten Holzes im Ofen. An dieser Stelle ist wichtig zu wissen, dass wir deutlich mehr Holz verbrauchen, als wir in unseren Wäldern ernten. Der Holzverbrauch entspricht also nicht unserer Holzernte. Wenn wir einmal nur auf unsere heimische Holzernte schauen, sieht man, dass rund 70 Prozent des in Deutschland geernteten Laubholzes ohne Umwege direkt im Ofen landen.[107] Sehr vereinfacht dargestellt könnte man also sagen, dass in unseren Wäldern ein stiller Waldbrand stattfindet. Und der hat es in sich. Wenn man davon ausgeht, dass bei einem Waldbrand 100 Prozent der Biomasse verbrennen, dann entspricht das in Deutschland verbrannte Holz einem Waldbrandäquivalent von 168 000 Hektar – und das jedes Jahr![108 109] Da bei Waldbränden natürlich nicht sämtliche Biomasse verbrennt, wäre die tatsächliche Fläche wahrscheinlich sogar noch größer.

Aber wer ist der Übeltäter, wer verbrennt denn nun das ganze Holz? Im ersten Moment kommen einem in diesem Zusammenhang vielleicht Bilder riesiger Industrieanlagen und Firmen in den Kopf, bei denen die Schornsteine qualmen. Mit rund 50 Prozent sind es aber die Privathaushalte, die Holz als primäre Energiequelle nutzen. Dahinter steckt jedoch keine böse Absicht. Vielfach geschieht das sogar in dem Glauben, hierdurch eine besonders klimafreundliche Art und Weise des Heizens gefunden zu haben.

Die Bundesregierung, getrieben durch die Forstlobby, hat durch gezielte Kampagnen wie die »Charta für Holz« und den daraus resultierenden Förderungen über Jahre hinweg ganze Arbeit geleistet, den Holzverbrauch im wahrsten Sinne des Wortes anzufeuern, sodass die Verbrennung von Holz zur Energiegewinnung seit den 2000er-Jahren stetig zugenommen hat.[110]

Dass die Arbeit der Regierung so gut funktioniert hat, gibt auf der anderen Seite wieder allen Grund zur Hoffnung. Denn so, wie Pelletheizungen und Holzöfen gefördert werden, könnten zukünftig Solaranlagen und Wärmepumpen oder andere Zukunftstechnologien dem Wald helfen, mehr Ruhe zu finden. Doch wäre es tatsächlich möglich, den Wegfall der aktuell noch fleißig qualmenden Schornsteine landauf und landab rasch zu kompensieren? Hier ist die Antwort schnell gefunden: Ja!

Lohnend ist in diesem Zusammenhang der Blick auf den gesamten Primärenergieverbrauch Deutschlands. Dieser berücksichtigt sämtliche Energieverbräuche der Bundesrepublik, also sowohl für die Erzeugung von Wärme als auch für die Erzeugung elektrischer Energie. Das Jahr 2022, getrieben durch die dramatische Entwicklung in der Ukraine, war ein Rekordjahr für die Verbrennung von Holz. Doch auch diese gigantischen

Holzmengen konnten nur 4,3 Prozent des Energiehungers der Bundesrepublik stillen. Da die Holzverbrennung einen deutlich höheren Anteil an der Bereitstellung von Wärmeenergie hat als an der Stromproduktion, liegt dieser Anteil in diesem Segment etwas höher, nämlich bei 11,3 Prozent.[111]

Für die Energieversorgung Deutschlands spielt die Holzverbrennung also nur eine marginale Rolle, und dennoch landet rein rechnerisch die gesamte dem deutschen Wald zuzumutende Erntemenge an Holz im Ofen. In den vergangenen Jahren waren es immer mehr als 60 000 000 Kubikmeter Rohholzäquivalent. Die Tendenz ist weiter steigend, so basierten gute 9 Prozent der neu installierten Heizungsanlagen im Jahr 2022 auf Holz.[112] Sollten zudem die Pläne umgesetzt werden, ehemalige Kohlekraftwerke ganz oder teilweise mit Holz zu betreiben, wie es aktuell bereits in Dänemark oder in England in einem großen Ausmaß geschieht, würde dies den Druck auf den Wald noch einmal dramatisch erhöhen.

Diese Zahlen zeigen aber auch, dass ein weiteres Argument für die Holzverbrennung an den Haaren herbeigezogen ist: Verbrannt würden ohnehin nur Reste, die man anderweitig nicht verwenden könne. Das Argument hast du sicher auch schon mindestens ein Mal gehört?

Doch wie können wir angesichts dieser gigantischen Holzmengen und eines sowohl in Deutschland als auch global festzustellenden eklatanten Holzmangels von Holzresten sprechen? Diese »Reste« wären viel sinnvoller eingesetzt, wenn wir daraus zum Beispiel Spanplatten oder auch Dämmstoffe für Hausfassaden herstellen würden. So ließe sich der Druck auf den Wald wirklich reduzieren. Solche Lösungen scheitern in der Regel nicht an der technischen Umsetzbarkeit, sondern meist am Geld. Es ist schlichtweg oft billiger, Holzreste, die etwa beim Zuschnitt von Holzbalken entstehen, direkt vor Ort zu verbrennen, als sie viel sinnvoller stofflich weiterzuverwenden.

Eine energetische Holzverbrennung ist nur in Form einer sogenannten Kaskadennutzung sinnvoll. Hier ein konkretes Beispiel: Ein im Haus verbauter Dachbalken wird nach dem Abriss des Hauses geschreddert und als Grundlage für die Herstellung einer Spanplatte genutzt. Diese wird dann zum Schubladenboden eines hochwertigen Möbelstücks, welches noch mal für mindestens 30 Jahre genutzt wird. Vielleicht lässt sich dann beim Recyceln dieses Möbelstücks das Holz nochmals zur Herstellung einer Dämmmatte nutzen. Ganz am Ende, wenn wir keine weitere stoffliche Verwendung mehr für die so wertvolle Ressource Holz haben, ließe sich diese ohne schlechtes Gewissen verbrennen.

Diese viel beschworene und sinnvolle Kaskadennutzung findet in der Realität leider jedoch kaum statt. So hat Altholz einen Anteil von 22,5 Prozent an der energetischen Nutzung von Holz, und auch bei diesem ist es fraglich, ob es nicht viel sinnvoller stofflich recycelt werden könnte. Etwa die Hälfte des energetisch genutzten Holzes ist frische Biomasse, stammt also meist direkt aus dem Wald oder der Landschaft.[113] Und diese Zahlen sind eher mit Vorsicht zu genießen, da keine wirklich belastbaren Statistiken zum Einschlag im Kleinstprivatwald existieren.

Ein ganz klassisches Modell, insbesondere in ländlichen Regionen, ist es, den eigenen kleinen Wald »nur« für das eigene Brennholz zu nutzen. Achte doch mal bei der nächsten Wanderung auf die vielen am Wegesrand oder vor den Häusern geschichteten Brennholzstapel. Hier kommt einiges an Holz zusammen, welches sich aber nur zum Teil in den offiziellen Statistiken wiederfindet bzw. mit großer Unsicherheit hinzugeschätzt wird.

Doch wie kann es dann sein, dass wir einen so wertvollen und begrenzten Rohstoff wie Holz großzügig verschwenden, ohne dass dieser einen nennenswerten Beitrag zur Sicherung der Energieversorgung leistet? Eine Antwort mag sein, dass wir wohl in der Vergangenheit nachwachsend mit unendlich verfügbar verwechselt haben. Dass dies definitiv nicht der Fall ist, haben wir uns bereits gemeinsam angeschaut. Doch das wohl noch größere Argument war und ist die gute Umweltbilanz des Heizens mit Holz, es soll gar klimaneutral sein. Höchste Zeit, auch mit diesem hartnäckigen Mythos einmal aufzuräumen!

Mythos: Holznutzung und -verbrennung sind klimaneutral[114]

Wer der Umwelt etwas Gutes tun möchte, der sollte Holz nutzen. Pelletheizungen, Papiertüten, Bauen mit Holz – das alles wird seitens der Regierung gefördert. Dem liegt der Gedanke zugrunde, dass die Nutzung von Holz CO_2-neutral ist und somit keinen Einfluss auf das Klima hat. Insbesondere im Zusammenhang mit der Verbrennung von Holz heißt es häufig, dass nur so viel CO_2 freigesetzt werde, wie der Baum im Laufe seines Lebens gespeichert habe. Ob das gespeicherte CO_2 nun durch die Verbrennung oder durch unzählige Mikroorganismen, die sich durchfuttern, wieder in die Atmosphäre gelangt, sei doch egal.

Egal ist das jedoch in keinem Fall. Legt man einen Holzscheit ins Feuer, wird das CO_2 innerhalb kürzester Zeit freigesetzt, während es die Kleinstlebewesen wesentlich langsamer angehen lassen und je nach Baumart mehrere Jahrzehnte benötigen, um das Holz zu zersetzen. Bäume, deren Holz heute verbrannt wird, haben im Mittel 70–120 Jahre CO_2 aus der Atmosphäre gespeichert – und hätten es noch wesentlich länger gekonnt. Die meisten Arten könnten viele Jahrhunderte alt werden, sodass der Kohlenstoff der Bäume nicht nur langfristig gespeichert wird, sondern laufend noch mehr fixiert würde. Stattdessen wird dieser sich füllende Speicher stets aufs Neue lange vor dem Erreichen seiner maximalen Füllmenge wieder geleert.

Der Faktor Zeit spielt also eine große Rolle. Hinzu kommt, dass die kleinen bodenbewohnenden Knilche während ihrer ausgedehnten Mahlzeit einen Teil des Holzes nach und nach in teils winzig kleinen Partikeln wieder in das Erdreich einarbeiten, sodass auch ein Teil des darin gespeicherten Kohlenstoffs dauerhaft im Waldboden verbleibt und nicht wieder in die Atmosphäre gelangt.

Gar nicht berücksichtigt werden der Kühleffekt der Wälder und ihre Fähigkeit, Wolken zu bilden. Dabei sind dies die wesentlichen Auswirkungen des Klimawandels: mehr Hitze und mehr Trockenheit. Würde man diese Aspekte mit einfließen lassen, so würde die Holzverfeuerung als umweltschädlichste Heizmöglichkeit einzustufen sein. Und auch wenn der Geruch eines Kaminfeuers uns ein wohliges Gefühl beschert, ist er gesundheitlich mehr als bedenklich. Gegenüber dem Heizen mit Kohle werden beim Heizen mit Holz deutlich mehr Treibhausgase und zusätzlich auch gesundheitsschädlicher Feinstaub (PM 2,5) ausgestoßen – mehr als durch

den gesamten Straßenverkehr.[115]
Dann sind aber doch zumindest das Bauen mit Holz und die Nutzung von Holzmöbeln eine klimafreundliche Lösung, da der Kohlenstoff in den Balken und Schränken ebenfalls lange gespeichert ist, oder?
Nicht wirklich. Für die Mikroorganismen macht es einen gewaltigen Unterschied, ob sich das Holz im Wald befindet oder ob es Bestandteil eines Hauses ist. Im Gebäude ist es quasi tot, dient den Waldlebewesen nicht als Nahrung, kann kein Wasser verdunsten und auch nicht kühlen. Und es ist ja nicht nur der Kohlenstoff, den ein Baum über die Jahre in sich speichert, sondern es sind auch andere Nährstoffe, die der nachfolgenden Baumgeneration verloren gehen und nicht zurück in den Kreislauf geraten können.
Interessant ist auch, was aktuell als »langlebig« definiert wird. So liegt die geschätzte Lebensdauer von sogenannten »langlebigen Holzprodukten«, wie es beispielsweise Möbel und Häuser sind, bei gerade einmal 33 Jahren – sprich: ähnliche Zeiträume wie die Zersetzungsdauer von Holz im Wald. Wenn wir nur Holz im konstruktiven Bau betrachten, sind es im Schnitt auch gerade einmal 75 Jahre,[116] sodass unsere Definition von Langlebigkeit nicht wirklich zu der des Waldes und seinen Bewohnern passt. Das heißt, auch Holzhäuser sind nicht besonders klimafreundlich. Im besten Fall könnten sie etwas weniger klimaschädlich sein, aber auch das ist aktuell in der Wissenschaft hoch umstritten.[117]
Wenn wir kaum noch Holz verbrennen und wirklich langlebige Produkte daraus herstellen, wenn wir altes Holz recyceln und dadurch mehrmals verwenden, können wir auch zukünftig Bau- und Möbelholz sowie Papier nutzen, ohne die Wälder auszuplündern.

Waldvision: Gedankenspiel für die Zukunft

So düster die Ausgangslage für den Wald auch erscheinen mag, es gibt dennoch allen Grund, voller Zuversicht in die Zukunft zu blicken. Möglichkeiten für eine Kehrtwende und mutmachende Beispiele, die zeigen, dass es auch anders geht, und die ihren hoffnungsbringenden Samen säen, gibt es genügend.

Die Waldvision ist ein solcher Hoffnungsschimmer. Im Auftrag von Greenpeace hat das Ökoinstitut e.V. ein Szenario entwickelt, in dem der Wald nicht durch menschliche Eingriffe an seine Grenzen gebracht wird, sodass unsere Nachkommen im Jahr 2100 wieder durch dichte, kühle Wälder wandeln können.[118] Gegenüber unseren aktuellen Wäldern, die vielfach ja eigentlich gar keine mehr sind, wartet der Wald der Zukunft damit auf, dass er ca. 42 Prozent mehr Holz in Form von lebenden Bäumen, etwa 18 Prozent mehr lebensspendendes Totholz enthält und die darin wachsenden Bäume ungefähr 77 Prozent mehr Kohlenstoff speichern könnten als bisher. Nicht zu vergessen, dass der Erholungswert des Waldes auch enorm steigen würde, da es in ganz Deutschland wieder möglich wäre, durch gesunde Wälder mit dicken Bäumen und einem üppiggrünen Blätterdach zu streifen.

Um diese Waldvision wahr werden zu lassen, müssten wir unseren Holzkonsum reduzieren, damit weniger Bäume geerntet werden, sie müssten dicker werden dürfen, und der Fokus müsste auf heimische Baumarten gelegt werden, die sich bei uns wirklich wohlfühlen. Zusätzlich sind in der Waldvision 16,6 Prozent der Wälder unter Schutz gestellt. Wir von der Waldakademie fordern hier mit 30 Prozent fast das Doppelte. Zur Erinnerung: Momentan sind nicht einmal 5 Prozent vor menschlichen Eingriffen sicher geschützt. Der Preis für solche schönen Wälder mit all ihren positiven Einflüssen auf unser Klima wäre, dass wir unsere Holzernte um rund ein Viertel reduzieren müssten.

Wie wir jetzt wissen, ist das Einsparpotenzial durchaus gegeben, wenn weniger Holz im Ofen landet und wir auch Verpackungsmaterial aus Holzfasern reduzieren. Ein bezahlbarer Preis, wenn wir dafür eine lebenswerte Welt mit angenehmen

Temperaturen, sauberem Trinkwasser, frischer Nahrung und viel Natur um uns herum erhalten können.

Wenn wir hingegen so weitermachen wie bisher und unseren Holzhunger nicht in den Griff bekommen, wird irgendwann die Belastungsgrenze für die Wälder erreicht sein, sodass wir wahrscheinlich gezwungen werden, auf Holz zu verzichten, weil es schlichtweg keins mehr gibt.

Forstwirtschaft neu gedacht?

Dass die Kriterien der Waldvision an eine ökologische Forstwirtschaft tatsächlich auch in der Praxis umsetzbar sind, zeigt uns ein Blick auf den Stadtwald in Lübeck. Bereits seit 1995 wird die Waldvision dort schon gelebt, und das Ergebnis ist ein gesunder Laubwald, dem man fast nicht ansieht, dass er forstwirtschaftlich genutzt wird. Und was für Verfechter der klassischen Forstwirtschaft interessanter sein mag: Diese Art der Bewirtschaftung lohnt sich sogar finanziell.

Aber auch die ökologischste Form der Forstwirtschaft stellt einen Eingriff in das Ökosystem Wald dar und sollte nicht als Waldschutzmaßnahme verkauft werden, denn auch hierbei liegt der Fokus auf der Ernte und dem Verkauf von Holz.

Lässt sich denn mit dem Wald nicht auch Geld verdienen, ohne dass man hierfür Bäume fällt?

Wir meinen schon und wagen daher einen Blick über den Tellerrand.

Sinnvolle Subventionen

Die Forstwirtschaft, wie wir sie momentan kennen, ist vielfach nur durch enorme staatliche Subventionen überlebensfähig. So werden die Kosten für Neupflanzungen häufig zu großen Teilen übernommen oder Prämien ausgezahlt, die nur an sehr geringe ökologische Standards geknüpft sind und keinerlei Auflagen beinhalten, diese auch zweckgebunden für den Wald einzusetzen.[119]

Wie wäre es denn, den Spieß einmal umzudrehen und Geld fürs Nichtstun auszuzahlen, sodass Waldbesitzende, die sich dafür entscheiden, den Wald der Natur zu überlassen, und so einen wertvollen Beitrag für die Gemeinschaft leisten, finanziell entlohnt werden?

Eine andere Möglichkeit ist die Bezahlung für den Kühleffekt des Waldes, der sich ganz einfach und parzellengenau per Satellit überwachen lässt. Je älter ein Wald, je mehr Biomasse er enthält, desto besser kühlt er sich und die umgebende Landschaft an heißen Sommertagen. Für jedes Grad gemessene Temperaturabsenkung könnte es Fördermittel geben, ein System, welches schon zur Praxisreife entwickelt wurde und nur noch auf seinen Einsatz wartet.

Waldbesitzende als Waldguides

Der Wald ist nach wie vor ein wichtiger Ort für Erholung und Freizeit, also auch sehr interessant für touristische Veranstaltungen. Das ließe sich wunderbar noch weiter ausbauen. Viele Menschen sind geradezu hungrig nach Waldwissen, wollen hinaus in die Natur, in den Wald eintauchen oder in der Freizeit mal etwas anderes erleben als den üblichen Kino- oder Restaurantbesuch. Statt nur hin und wieder durch Steuergelder finanzierte Waldführungen für Kindergärten und Schulen durchzuführen, könnten Waldbesitzende mit entsprechender Ausbildung zum Waldführer oder zur Waldführerin dies auch gegen Bezahlung für die breite Masse der waldinteressierten Menschen anbieten. Survivaltrainings, Baumbestimmungskurse, Spurensuche oder Waldbadetage – das alles ist möglich, ohne einen einzigen Baum fällen zu müssen. Ganz im Gegenteil, denn je weniger Bäume gefällt werden, umso schöner ist das Walderlebnis.

Försterinnen und Förster als Hüter des Waldes

Viele Menschen und auch Firmen möchten sich für den Waldschutz engagieren und nehmen hierfür teils viel Geld in die Hand. In der Praxis sind es dann häufig Baumpflanzaktionen, in die das Geld fließt und die in den meisten Fällen nicht einmal sinnvoll sind. Oftmals schlagen die Waldbesitzenden nämlich dazu die betreffenden Parzellen kahl, beseitigen also den

Wald endgültig. Laut unserer aktuellen Gesetzgebung müssen sie nach solch fragwürdigen Aktionen die Kahlschläge zwingend innerhalb weniger Jahre wieder bewalden (das variiert je nach Landeswaldgesetz). Wenn dies nicht geschieht, brechen sie das Gesetz. Unterstützt werden sie dabei durch die bereits erwähnten Fördergelder. Wenn nun Aufforstungsprojekte die Neuanpflanzungen zusätzlich finanzieren, so liegt der Mehrwert nicht beim Wald, sondern bei denjenigen, denen der Wald gehört.

Nicht unterstützungswürdige Aufforstungsvorhaben sind übrigens ganz einfach zu erkennen, nämlich an den Baumstümpfen auf den fraglichen Flächen – da stand also vorher noch Wald. Und selbst tote Fichten sind noch Heimat von Tausenden Arten und deshalb erhaltenswert.

Wie wäre es stattdessen damit, das zu schützen, was bereits da ist, und gleichzeitig Geld zu verdienen? Statt das Geld engagierter Menschen in naturferne Baumschulbäume zu stecken und hiermit neue Plantagen anzulegen, könnten bestehende Wälder geschützt werden. Die besonders alten Wälder rund um unsere Waldakademie und in anderen Teilen Deutschlands, in denen es UrwaldProjekt-Flächen gibt, können beispielsweise quadratmeterweise durch eine einmalige Zahlung vor menschlichen Eingriffen bewahrt werden. Die Waldbesitzenden verzichten auf das Fällen der Baumgiganten und werden dafür finanziell attraktiv entschädigt. Gleichzeitig erhält jede Waldschützerin und jeder Waldschützer eine Urkunde sowie eine private Landingpage mit den individuellen Koordinaten des geschützten Waldstücks. Das bedeutet, dass alle Waldschutzpaten mit den exakten Koordinaten ihr eigenes Waldstück besuchen und somit erleben können. Das ist nicht nur als nachhaltiges und sinnvolles Geschenk eine tolle Sache, sondern auch für Unternehmen, die sich gerne regional engagieren und Mitarbeitende für das Thema Wald sensibilisieren möchten. Also eine echte Win-win-win-Situation: Es profitieren die Waldbesitzenden, der Wald mit all seinen Bewohnern und die Schutzpaten, die die Verantwortung für die letzten alten Wälder in Deutschland übernehmen und sich an solchen wunderbaren Erholungsräumen erfreuen dürfen.

Mit Projekten dieser Art könnten Försterinnen und Förster als Hüter des Waldes fungieren und dafür Sorge tragen, dass der Wald tatsächlich in Ruhe gelassen wird.

Was können wir selbst für den Wald tun?

Auch wir als Einzelpersonen können einiges tun, um dem Wald zu helfen. Nachfolgend findest du eine kleine Auswahl an Ideen, mit deren Umsetzung du gleich heute beginnen kannst:

Ernährung

Vielleicht fragst du dich jetzt, was deine Ernährung mit dem Wald zu tun hat, aber Waldschutz beginnt tatsächlich auf dem Teller. Nicht nur für deine Gesundheit sollte dieser reich gefüllt mit buntem Gemüse sein, sondern auch für den Wald. Denn wenn die Feldfrüchte nicht direkt auf unserem Teller landen, sondern erst den Umweg über die Tiermägen nehmen, gehen eine Menge Kalorien verloren. Für tierische Produkte wird also unnötig viel Platz geopfert, auf dem Wald wachsen könnte.

Das bedeutet nicht, dass wir gänzlich auf Fleisch verzichten müssen. Peter Wohlleben hat einmal ausgerechnet, wie viel Fläche weltweit frei werden würde, wenn wir unseren Fleischhunger drosseln. Bei einer flexitarischen Ernährung, also überwiegend Obst, Gemüse, hin und wieder Milchprodukte und sonntags einem Stück Fleisch, ständen allein in Deutschland 87 000 Quadratkilometer ehemaliger Landwirtschaftsflächen wieder der Natur zur Verfügung. Das ist mehr als die Fläche von Baden-Württemberg und Niedersachsen zusammen! Würden alle Menschen auf der Welt gänzlich auf Fleisch verzichten und neben Gemüse und Obst nur noch gelegentlich Milchprodukte zu sich nehmen, wären es nach Berechnungen des WWF sogar ganze 46 Prozent der gesamten Landfläche weltweit, auf der Natur wieder Natur sein dürfte.[120]

Dieses enorme Flächenpotenzial ist auch unter einem anderen Aspekt sehr interessant; den Treibhausgasemissionen. Würden diese Flächen durch eine Änderung unserer Ernährungsgewohnheiten tatsächlich frei, wäre das Potenzial der zusätzlichen Kohlenstoffspeicherung gigantisch. Der verloren gegangene Wald könnte wieder zurückkommen, und auch Moore könnten renaturiert werden. Beide Ökosysteme sind in der Lage, deutlich mehr Kohlenstoff zu speichern als Weiden oder gar Ackerflächen. In gängigen Berechnungen für die Klimawirkung unserer Ernährung wird dieser Faktor meist nicht berücksichtigt und damit das Potenzial einer Ernährungsumstellung deutlich unterschätzt. So gibt das Umweltbundesamt für das Jahr 2017 bei einem durchschnittlichen jährlichen Ausstoß von 11,2 Tonnen CO_2-Äquivalent je Einwohner*in den Anteil der gesamten Ernährung mit 1,74 Tonnen an. Berücksichtigt man in der Bilanz hingegen den Aspekt der Entwaldung bzw. der potenziellen Wiederbewaldung, ergibt sich ein ganz anderes Bild. In der Annahme, dass der gesamte durchschnittliche Fleischverbrauch der Deutschen mit dem klimaschädlichsten Rindfleisch gedeckt werden würde, müssten alleine hierfür knappe 9 Tonnen CO_2-Äquivalent berücksichtigt werden. Auch wenn Schweine- oder Hühnerfleisch weniger schädliche Emissionen bedingen, gibt es andere Faktoren, die die Emissionen sogar noch weiter erhöhen würden, so z. B. dass für den Anbau von Futter-Soja tropische Wälder weichen mussten. Auch der Verzehr von Milchprodukten oder Eiern bedingt zudem einen deutlichen höheren Flächenverbrauch als der von pflanzlichen Lebensmitteln. Fairerweise muss natürlich berücksichtigt werden, dass auch für den Anbau von Gemüse oder Getreide Flächen belegt werden, die eigentlich z. B. Wald sein könnten. Unterm Strich belastet bei einer ehrlichen Berechnung unsere Ernährung also deutlich stärker unsere persönliche Treibhausgasbilanz. Deutlich wird aber auch, in der täglichen Entscheidung, was bei uns auf den Tisch kommt, steckt richtig viel Power. Insbesondere mit einem Weniger an tierischen Produkten können wir nicht nur den Wald, sondern auch das Klima enorm entlasten.

Quiz

Für die Erzeugung von jeweils 1000 Kilokalorien benötigt man beim Verzehr von:

1. Rindfleisch:
a) 1,5 m²
b) 6,5 m²
c) 12,5 m² Fläche

2. Hühnerfleisch:
a) 1,5 m²
b) 5,5 m²
c) 10,5 m² Fläche

3. Brot:
a) 1,2 m²
b) 4,6 m²
c) 9,4 m² Fläche

4. Kartoffeln:
a) 0,2 m²
b) 3,4 m²
c) 8,2 m² Fläche

Die richtigen Antworten findest du am Ende des Buches auf Seite 308.

Bewusster Konsum

Ein bisschen weniger ist nicht nur beim Fleischkonsum eine goldene Regel. Wenn wir ehrlich sind, haben die meisten von uns doch zu viel von allem: Kleidung, Möbel, Deko, Kosmetik, Haushalts- oder Elektrogeräte. Die Liste ist lang, und es mangelt uns an nichts. Aber machen uns all diese Dinge auch wirklich glücklich? Nur zu häufig ist es der fünfte kuschelige Pullover, der in den Tiefen des Kleiderschranks verschwindet, die Zauber-Küchenmaschine, die ihr ungenutztes Dasein in der hintersten Ecke der Küche fristet, das kleine, süße Schränkchen, an dem man nicht vorbeigehen konnte und dessen Anblick einen nun stresst, weil es endlich mal entstaubt werden müsste. Weniger ist manchmal eben doch mehr, und anstatt die Zeit auf Schnäppchenjagd online oder im Geschäft zu verbringen, könntest du sie auch für eine Spurenjagd in der Natur einsetzen. So tust du dir, deinem Geldbeutel und dem Wald einen Gefallen.

Engagement

Hast du Lust, Wald- und Umweltschutz zu leben und dabei auch noch Spaß zu haben? Dann sei ein Vorbild, misch dich ein, und steck andere an! Wenn du deine Winterjacke schon das dritte Jahr trägst, du sie vielleicht sogar gebraucht gekauft hast, du begeistert bist vom Geschmack der veganen Würstchenauswahl im Supermarkt, du den Urlaub dieses Jahr mit einer Fahrradtour durch Deutschland verbracht hast und dabei sogar in heimischen Gefilden unglaublich schöne Landschaften erleben durftest oder du den neuen Unverpacktladen um die Ecke getestet und für gut befunden hast, dann erzähl anderen davon.

Genauso funktioniert es auch mit deinen Erlebnissen, die du draußen in der Natur gesammelt hast. Bist du einer spannenden Spur im Matsch gefolgt, ist bei deinem Spaziergang in der Morgendämmerung der weiße Popo eines Rehs vor dir hergesprungen, hast du am Waldboden kleine springende Wesen bewundert oder dem Rauschen der Blätter im Wind zugehört?

Erzähl davon!

Vielleicht magst du Menschen sogar ganz bewusst durch die Natur führen und Veranstaltungen anbieten. Aber auch wenn du »nur« deinen Freunden, Arbeitskolleginnen und -kollegen, Verwandten und Bekannten von deinen Erlebnissen erzählst, wirst du deine Spuren hinterlassen und deine Begeisterung weitergeben, ohne dass du mahnend den Zeigefinger dafür heben musst. Natürlich kannst du auch klar Position beziehen und deine Meinung deutlicher kundtun, indem du deinen Unmut bei dem zuständigen Forstamt oder der Gemeinde äußerst, einen Leserbrief schreibst oder an Demonstrationen teilnimmst. Wie bei den Bäumen lautet auch hier die Devise: Gemeinsam ist man am stärksten. Also such dir am besten Mitstreiter, damit ihr euch gegenseitig unterstützen könnt und gemeinsam euren Mut und Optimismus nicht verliert.
Wenn du dich intensiver mit der Thematik befassen willst, besuche doch einmal unsere Online-Kurs-Plattform www.wald-lernen.de. Hier haben wir einen Kurs für Engagierte erstellt, an dem du kostenlos teilnehmen kannst.

ABENTEUER WALD

Der Wald hat eine wilde, manchmal sogar mystische Ausstrahlung und wirkt undurchdringlich und schützend zugleich. In unserer zivilisierten Welt ist er vielleicht einer der letzten Orte, an dem wir noch Abenteuer erleben und uns der Natur ganz nah fühlen können. Aus dem Alltag auszusteigen und in die Natur einzutauchen, ist im Wald schon in kurzer Zeit und ohne große Hilfsmittel möglich. Wie wäre es zum Beispiel, sich im Wald abseits der Wege ein geheimes Versteck zu suchen, von dem aus du die Dämmerung beobachtest, bis die Dunkelheit dich umschließt und du dein Mikroabenteuer mit einer kleinen Nachtwanderung durch den Wald beendest?

Die Kunst des Feuermachens

Besonders intensiv wird die Zeit draußen mit einem Feuer. Der Zauber des Feuers wird unmittelbar spürbar, wenn es wohlig knistert und es allmählich ganz still wird, weil jeder vom harmonischen Tanz der Flammen in den Bann gezogen wird. Feuer ist Gemeinschaft, ein Ort zum Geschichtenerzählen, um ruhig zu werden, sich wohl und geborgen zu fühlen. Und wie groß ist das Glücksgefühl, wenn man es mit den eigenen Händen geschafft hat, ein Feuer zu entzünden, wie frustrierend ist es jedoch auf der anderen Seite, wenn es nicht gelingt. Nachfolgend findest du daher Tipps für das Entzünden eines Feuers und deine persönlichen Abenteuer im Wald.

Hinweis: Für das Entzünden eines Feuers und das Übernachten im Wald brauchst du eine Genehmigung. Hierfür solltest du den Waldbesitzenden oder den/die Förster/Försterin ansprechen. Du solltest zudem wissen, wie man eine Feuerstelle sicher einrichtet und du verhinderst, dass sich das Feuer unkontrolliert ausbreitet. Die Regelungen für Übernachtungen im Wald sind zudem in jedem Bundesland unterschiedlich, sodass sich ein Blick in die jeweiligen Waldgesetze deines Landes lohnt. Das Zelten im Wald ist in den meisten Bundesländern jedoch ausdrücklich verboten.

Zunder

»Das brennt wie Zunder.« Diese Redewendung sagt eigentlich schon alles über die Eigenschaften des Zunders aus. Zunder ist das Material, das wir benötigen, um ein Feuer in Gang zu bekommen. Zu Beginn ist das Feuer noch sehr zaghaft, und die Herausforderung ist, aus einem winzigen Funken lodernde Flammen entstehen zu lassen. Der erste Funke ist klein und verletzlich, und man muss ihn nähren und behüten, damit er wachsen und gleichzeitig auch Raum gewinnen kann, um zu entflammen. Der Zunder ist dabei die stärkende Nahrung für die erste Lebenszeit. Dafür muss er besonders trocken, aber auch besonders fein sein, da der kleine Funke noch nicht die

Kraft besitzt, Feuchtigkeit und kompaktes, grobes Material zu überwinden.

Was die Wahl des Zunders betrifft, kannst du deiner Kreativität freien Lauf lassen. In einer wirklichen Survivalsituation ist Kreativität ohnehin eine sehr wichtige Eigenschaft. Möglichkeiten, die die Natur uns bietet, zu erkennen und diese zu nutzen sowie mitgebrachte Gegenstände, Ausrüstung, Kleidung umfunktionieren zu können, erhöht die Chance, in der Natur zu (über-)leben, erheblich.

Die nachfolgenden Zundermaterialien kannst du auch gerne miteinander kombinieren, um die Möglichkeit zu erhöhen, dass ein Funke das passende Futter findet. So kannst du beispielsweise dein Zundernest aus trockenem Gras mit Birkenrindenstückchen und etwas getrocknetem Harz verfeinern.

Trockenes Gras – der Klassiker

Nahezu überall am Wegesrand ist getrocknetes Gras zu finden, das sich hervorragend eignet, um daraus ein Nest für den Funken zu bauen. Hierfür kannst du dir tatsächlich ein Vogelnest vorstellen und die Fasern in ähnlicher Weise kreisförmig und nestähnlich zusammenlegen. Um dem Feuer noch besseres Futter zu bieten, kannst du einige Fasern aufbrechen oder zerreiben und in das Nest streuen.

Manchmal entpuppt sich die Grasquelle jedoch noch als zu feucht für das Entzünden eines Feuers. Hier gibt es einen simplen Trick: Stecke das gesammelte Gras einfach möglichst körpernah in deine Hosen- oder Jackentasche und lasse es durch deine Körperwärme trocknen. Vor allem, wenn du ohnehin noch ein Stückchen zu deiner Feuerstelle wandern musst, bietet es sich an, schon zu Beginn deines Weges nach den Halmen Ausschau zu halten, damit sie trocken sind, wenn du am Lagerplatz ankommst.

Auch andere welke Pflanzenfasern eignen sich zum Entzünden eines Feuers. Probiere doch einmal aus, trockene Wildpflanzenstängel, die Watte von Baum- oder Kräutersamen wie etwa dem Waldweidenröschen oder abgestorbene Fasern von Ginsterbüschen in dein Zundernest einzuarbeiten.

Birkenrinde – der Allrounder

Die weiße Rinde der Birke sieht nicht nur wunderschön aus, sondern ist auch ein echtes Naturgeschenk für alle Outdoorfans. In ihr stecken viele ätherische Öle und das sogenannte Betulin, das zu der Stoffgruppe der Terpene gehört, die du bereits von der Duftsprache der Bäume kennst. Diese Terpene sorgen in den Nadeln und im Harz von Nadelbäumen auch für den angenehmen Geruch und sind gleichzeitig Brandbeschleuniger. So ist die Birkenrinde dank des Betulins sogar in feuchtem Zustand leicht entzündbar. Die papierartige Beschaffenheit der Birkenrinde macht sie zusätzlich zum perfekten Zundermaterial, da sich das Feuer durch die dünne und große Oberfläche gut ausbreiten kann.

Wichtig ist, die Rinde in möglichst kleine, feine Stücke zu zerbröseln. Hierfür kannst du die Rinde in Stücke zerreißen, sie zwischen den Händen zerreiben oder sie mit dem Messerrücken abraspeln. Am Stamm von Birken lassen sich häufig bereits zarte abstehende Rindenfetzen entdecken, die sich leicht abziehen und sammeln lassen. Für den Baum wirkt das Betulin nahezu antibiotisch und hindert Krankheitserreger wie Bakterien daran, ins Innere des Baumes einzudringen. Daher solltest du den Zunder mit Ausnahme der hauchdünnen, abstehenden Rindenfahnen nicht von lebenden Birken sammeln, sondern bei abgestorbenen Bäumen zugreifen, deren Äste und Stämme häufig am Boden liegen.

Was der Birke hilft, hilft gleichzeitig auch uns. Denn auch bei kleinen Verletzungen kannst du die bakterienhemmende Wirkung der Birkenrinde nutzen, sie als Notverband einsetzen und dadurch die Wundheilung unterstützen.

Mit einem Messer lassen sich nicht nur die papierartigen Schnipsel, sondern auch große Rindenstücke sammeln. Das Material ist lange haltbar, flexibel und widerstandsfähig zugleich. So kannst du dir hieraus Dosen oder andere Behältnisse fertigen, es nutzen, um dein Regendach abzudecken, oder dir eine wasserundurchlässige Sitzunterlage basteln.

Kienspan – für Entdeckerinnen und Entdecker

Ein weiteres Feuergeschenk der Natur ist der sogenannte Kienspan. Hierbei handelt es sich um harzdurchtränktes Holz von Nadelbäumen. Du kannst Kienspan an Fichten, Lärchen und Weißtannen finden, aber besonders häufige und ergiebige Quellen liefert die Kiefer. Wenn ein Nadelbaum verletzt wird, schickt er durch Kanäle eine Extraportion Harz in Richtung der Verletzung. Das Harz erfüllt gleich mehrere Aufgaben. Durch seine antibiotischen Inhaltsstoffe tötet es Krankheitserreger, es lässt eindringende Insekten verkleben, schließt die Wunde ab und fördert dadurch die Wundheilung. Wenn die Verletzung schon etwas älter ist, konnte sich das Harz in den umliegenden Holzfasern gut verteilen und es vollständig durchziehen. Dieses alte, harzgetränkte Holz ist das Objekt unserer Begierde, wenn es um das Entzünden eines Feuers geht.

Besonders groß sind die Chancen, Kienspan zu finden, an Baumstümpfen, denn welche Verletzung ist größer und einschneidender für einen Baum, als den ganzen Stamm inklusive Krone zu verlieren. Wenn der Baum jedoch gerade frisch umgefallen ist und du klebrige Harztropfen sehen kannst, wirst du dort noch keinen Kienspan finden, da es eine Weile dauert, bis sich das Harz durch alle Fasern gearbeitet hat. Dein Auge sollte also nach alten Baumstümpfen Ausschau halten, bei denen du äußerlich vielleicht gar keine harzige Spur finden kannst. Mit einem Messer oder einer kleinen Klappsäge kannst du vorsichtig die äußeren Schichten des Stumpfes entfernen und schauen, ob eine bernsteinfarbene Schicht zum Vorschein kommt. Auch die Wurzeln an solchen Stümpfen oder am Boden liegende Äste können eine gute Kienspanquelle sein. Dieses harzdurchtränkte Holz ist nicht klebrig, sondern recht fest, und du wirst sofort feststellen, dass es sich anders anfühlt und sich auch farblich deutlich vom umliegenden »normalen« Holz unterscheidet.

Den Kienspan kannst du nun in kleinen Blöcken oder Stäbchen herausschneiden oder -sägen und von weniger harzigen Stellen befreien. Ein solcher Stick lässt sich wunderbar als Zunder mitnehmen, und bei Bedarf können mit dem Messerrücken kleine Stückchen abgehobelt werden, aus denen eine Art Holzwolle entsteht. Diese feinen Fasern brennen recht lange und gleichmäßig, sodass du dein Feuerprojekt ganz in Ruhe angehen kannst.

Auch wenn du kein richtiges Feuer im Wald entzünden darfst, kannst du Stücke deines gesammelten Kienspans in einen Teelichthalter oder ein anderes feuerfestes Gefäß füllen, es anzünden, und fertig ist deine Outdoor-Kerze, die dir einige Minuten warmes Licht spendet.

Zunder aus der Zivilisation – Watte, Wachs und Desinfektionsmittel

Gerät man in eine Notlage, ist man in den seltensten Fällen völlig ohne jegliche Gegenstände oder Ausrüstung unterwegs. Ein kleines Notfallpaket, die eigene Kleidung oder lange vergessener Krimskrams in den Tiefen des Wanderrucksacks wird man in der Regel bei sich tragen. Da ist es durchaus sinnvoll, sich zu Hause einmal nach möglichem Zunder umzuschauen oder gezielt etwas vorzubereiten.

In den meisten Badezimmerschränken lässt sich Watte finden – sei es das klassische Wattepad oder auch ein Tampon oder eine Slipeinlage. Fein zerrupft bieten alle Varianten gutes Zundermaterial, das sich leicht verstauen lässt. Um das Ganze noch brennbarer zu machen, gibt es sogar noch einen Recyclingtipp obendrauf. Abgebrannte Kerzenstummel und -reste eignen sich hervorragend als brennbarer Dip für die Watte. Hierzu kannst du einfach die Wachsreste beim nächsten Lagerfeuer in einem Behältnis (das schmutzig werden darf) schmelzen und die Wattestücke eintauchen, trocknen lassen – und fertig ist der Kienspan to go.

Ein weiteres Utensil, das sich mittlerweile standardmäßig in den meisten Rucksäcken befindet, ist Desinfektionsmittel. Es eignet sich allerdings nicht nur gut für die Reinigung der Hände unterwegs, sondern kann auch helfen, ein Feuer zu starten.

Zumindest wenn es sich um Desinfektionsmittel mit Alkoholanteil handelt. So kannst du dir auch bei feuchten Witterungsverhältnissen behelfen.

Du siehst, erlaubt ist (fast alles), was funktioniert. Also wühl gerne mal in den Tiefen deiner Jackentasche und überlege, was trocken, fein und entzündlich genug sein könnte, um dem kleinen Funken zum Feuer zu verhelfen.

Richtig Feuerholz sammeln

Der beste Zunder bringt allerdings nichts, wenn du kein trockenes Holz hast, um die kleine Flamme größer werden zu lassen. Das Zundermaterial brennt sehr schnell ab und dient nur dazu, eine erste Flamme zu erhalten, die auf das gesammelte Feuerholz übergehen und es entzünden soll. Aber welche Beschaffenheit sollte Feuerholz haben, und wo kannst du welches finden?

Um ein richtiges Feuer zu bekommen, benötigst du die volle Bandbreite. Das heißt, du brauchst vom Reisig, also ganz dünnen Zweigen, über bleistift- und fingerdicke Äste bis hin zu armdicken Ästen alles. Trocken muss es sein, lautet auch hier wieder die Devise. Um herauszufinden, ob dein Holz trocken genug für das Feuer ist, kannst du den »Knacktest« machen. Beim Zerbrechen der Äste sollte es schön knacken. Wenn sich das Holz hingegen biegen lässt und man die Teile nur durch Drehen voneinander trennen kann, ist es zu feucht für die jungen Flammen. Vor allem die dünnsten Ästchen sollten daher besonders trocken sein, da das Feuer anfangs noch sehr zart ist. Hat sich erst einmal Hitze entwickelt und ist bereits Glut zu sehen, ist das Feuer stark genug, um auch feuchtere Holzscheite zu entzünden. Noch feuchtes Holz kann bereits rund um das gestartete Feuer positioniert werden, um es trocknen zu lassen und später auf das Feuer zu legen.

Zum Entzünden eines Feuers eignen sich vor allem die dünnen Äste von Nadelbäumen, da sie zusätzlich Harz enthalten. In den unteren Etagen von Fichte & Co. finden sich häufig bereits abgestorbene Äste am Stamm, die der Baum aufgrund des mangelnden Lichts versucht loszuwerden. Gut geschützt durch das schirmartige Nadeldach des Baumes, sind diese Äste in der Regel auch nach einem Regen noch trocken und lassen sich mit einem Knacken vom Baum brechen, ohne dass man ihm wehtut. Auch auf dem Boden unterhalb von Nadelbäumen kannst du nach trockenen Ästen Ausschau halten.

Das Holz von Nadelbäumen ist zwar für den Start eines Feuers gut geeignet, verbrennt allerdings sehr schnell, während das Holz von Laubbäumen schwerer zu entzünden ist, aber länger brennt und sich daher eher für ein bereits entzündetes Feuer eignet.

Lebende Bäume für ein Feuer zu fällen ist jedoch nur mit Erlaubnis möglich. In der Regel ist das aber auch nicht nötig, da sich im Wald meist genügend abgestorbenes Material am Boden finden lässt. Zudem ist Holz von lebenden Bäumen viel zu feucht, selbst später zum Nachlegen, wenn das Feuer schon größer ist und eigentlich viele Fehler verzeiht.

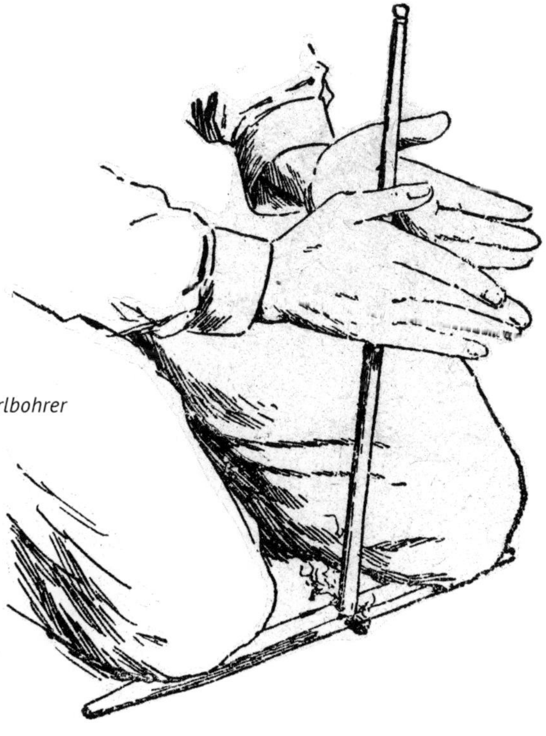

Feuerbohren mit Quirlbohrer

Tipp

Zuverlässiger Feuchtetest – Wenn du dir nicht sicher bist, ob dein Anzündholz trocken genug ist, kannst du deine Lippen zu Hilfe nehmen. Unsere Lippen sind gegenüber Feuchtigkeit besonders sensibel. Wenn du mit deinen Lippen also vorsichtig über den Ast streifst und dabei Feuchtigkeit spürst, ist er wahrscheinlich zu nass für die kleine Flamme. Bei dickeren Ästen oder Stammteilen könntest du nun so lange die äußeren Schichten wegschnitzen, bis du auf den trockenen Kern des Astes stößt, und so selbst bei sehr nassen Bedingungen noch Feuerholz zusammenbekommen.

Die Feuerstelle

Feuer machen ist schön, aber auch gefährlich. Damit es nicht zu einem Waldbrand kommt, gilt es, einige Dinge zu beachten. Zunächst sollte die Wetterlage nicht zu trocken sein – das kannst du zum Beispiel auf der Seite des Deutschen Wetterdienstes checken, wo die tägliche Waldbrandgefahr übersichtlich dargestellt ist.[121]

In der Nähe der geplanten Feuerstelle sollte sich ein Bach oder ein Teich befinden, alternativ reicht auch eine volle Flasche Mineralwasser mit Kohlensäure.

Die Feuerstelle sollte von Laub und Humus befreit werden, sodass nur noch der blanke Mineralboden freiliegt. Ansonsten könnte das Feuer seitlich durch den Humus angrenzende Flächen in Brand setzen. Begrenze die Feuerstelle, falls möglich, mit Steinen. Halte von Bäumen mindestens fünf Meter Abstand, um die Hauptwurzeln nicht zu verbrennen. Der Abstand ist auch notwendig, damit die aufsteigenden Funken nicht die Krone in Brand setzen – das ist ganz besonders bei Nadelbäumen wichtig. Über dem Feuer sollte also offener Himmel sein. Wenn Funkenflug zu einem Problem werden könnte, nimm am besten Holz und Äste ohne Rinde oder schäle diese ab. Die meisten Funken entstehen durch verbrennende Rinde, die sich ablöst und glühend davonfliegt. Nadelholz verbrennt funkenreicher als Laubholz, also auch hier lieber Laubholz wählen.

Ganz wichtig: ein Windschutz. Die meisten Versuche, ein Feuer zu entzünden, scheitern am Wind. Die kleine erste Flamme wird selbst bei einem lauen Lüftchen schnell wieder ausgeblasen, weshalb du sie vor Luftzug schützen solltest.

Ein Windschutz kann aus großen, flachen Steinen bestehen, für den Feuerstart tut es aber auch dein Rucksack, den du dann nach geglücktem Start sofort in Sicherheit bringst. Im Handel gibt es auch kleine faltbare Alu-Windschutz-Sets zu kaufen.

Probier's aus:

Zum Feuerlöschen eignet sich eine Flasche Mineralwasser mit viel Kohlensäure ganz hervorragend, falls kein Bach in der Nähe ist. Schraub den Verschluss ab und presse den Daumen auf die Öffnung. Nun schüttele die Flasche mehrmals, ohne dass Wasser oder Kohlensäure austritt. Dann drehe die Flasche um und lockere den Daumen ein klein wenig, sodass ein scharfer Strahl Wasser herausspritzt. Durch geschicktes Einsetzen des Daumens kannst du auf diese Art dein Feuer von allen Seiten mit kleinen Wasserstößen löschen.

Der richtige Feueraufbau

Zunder liegt bereit, trockenes Feuerholz ist gesammelt – jetzt kann doch eigentlich nichts mehr schiefgehen, oder? Eine gute Vorbereitung und der richtige Feueraufbau sind jedoch entscheidend, um ein Feuer entfachen zu können. Wirft man einfach wahllos alles Material auf einen Haufen, kann es ohne Feuerzeug (und sogar mit Feuerzeug) sehr schwierig werden, das Feuer in Gang zu bekommen.

Beim Feueraufbau solltest du von klein nach groß arbeiten. Daher ist es ratsam, zunächst das gesammelte Holz nach Größe zu sortieren und verschiedene Stapel anzulegen.

Hieraus kannst du anschließend eine Art Haus für das Feuer bauen. Aus den bleistift- bis fingerdicken Ästen lässt sich ein Gerüst aufstellen, das je nach Belieben dreieckig oder rechteckig sein kann. Hierzu stapelst du einfach einzelne Stöckchen in der gewählten Form aufeinander. Ist das Grundgerüst einige Zentimeter hoch, kannst du daran wunderbar die gesammelten Äste, beginnend mit Reisig und anschließend den dicker werdenden Ästen, anlehnen. Nach und nach entsteht eine Art Tipi, das oben spitz zuläuft und dem Feuer im unteren Bereich Platz und Luft zum Atmen lässt. Achte darauf, dass du eine kleine Öffnung freilässt, in die du dein vorbereitetes Zundernest legen kannst, damit sich die junge Flamme vom Zunder über das Reisig allmählich ausbreiten und größer werden kann.

Probier's aus:

Stell dir vor, du bist in einer Survivalsituation und hast in der Tasche noch ein allerletztes Streichholz gefunden – deine vielleicht letzte Chance, ein wärmendes Feuer zu entzünden. Wenn du dir für die Materialsuche und den Feueraufbau etwas Zeit lässt und es gründlich machst, kannst du tatsächlich mit einem einzigen Streichholz ein Feuer entzünden. Wenn du zusätzlich Luft zuwedeln musst, um dein Feuer am Leben zu halten, hast du deinen Feueraufbau nicht sorgfältig genug gemacht. Ist das »Feuerhäuschen« hingegen gut gebaut, reicht es aus, das Streichholz auf dein Zundernest zu legen und zu warten, bis sich die Flammen durchgearbeitet haben.

Es ist aber immer gut, mehrere Möglichkeiten zum Entzünden eines Feuers zu haben. Streichhölzer können nass werden, Feuerzeuge können leer sein oder bei Kälte oder Wind nicht mehr funktionieren. Ein Feuerstahl funktioniert sowohl bei Nässe als auch bei windigen Verhältnissen, und es braucht nur wenig Übung, um hiermit ein Feuer entzünden zu können. Die leichten, kohlestoffhaltigen Stäbchen kannst du günstig kaufen und leicht transportieren. In der Regel ist bereits ein kleiner Schaber beigefügt, mit dem du einfach über den Stab fahren kannst, um Funken zu erzeugen. Positioniere den Feuerstab auf deinem Zundernest und reibe mit etwas Druck über den Stab, sodass die Funken auf dem Nest landen können. Schnell wirst du ein Gefühl für den richtigen Druck und die Geschwindigkeit bekommen. Auch mit Kindern macht diese kleine Challenge viel Spaß.

Übernachten im Wald

Für Übernachtungen im Wald gibt es in Deutschland keine einheitlichen Bestimmungen. Jedes Bundesland hat hierfür eigene Regelungen getroffen, die du in den jeweiligen Landeswaldgesetzen finden kannst. Das Aufschlagen eines Zeltes ist in nahezu allen Bundesländern ausdrücklich verboten, ebenso das Übernachten in Schutzgebieten.

Da im Bundeswaldgesetz geschrieben steht, dass der Wald zum Zwecke der Erholung aufgesucht werden darf und dort keine zeitliche Begrenzung genannt ist, wird dies häufig so ausgelegt, dass das Übernachten ohne Zelt zumindest nicht ausdrücklich verboten ist. Wann erholt man sich schon besser als während der nächtlichen Schlafphase? Das Übernachten unter freiem Himmel stellt also eine Grauzone dar. Daher ist es ratsam, den Privatwaldbesitzenden oder die waldbesitzende Kommune um Erlaubnis zu fragen oder einen Trekking- oder Naturzeltplatz aufzusuchen, von denen es in Deutschland mittlerweile eine Vielzahl gibt.

Tagsüber unter dem grünen Blätterdach der Waldriesen zu wandeln, den weichen Waldboden unter den Füßen zu spüren, den pilzigen Duft einzuatmen und dem Gesang eines Rotkehlchens zu lauschen, ist bereits ein Erlebnis für alle Sinne. Noch intensiver und abenteuerlicher kann das Walderlebnis bei Nacht sein. Wenn das Licht langsam weicht, die Bäume zu grau-schwarzen Silhouetten verschwimmen und die tagaktiven Tiere langsam zur Ruhe kommen, entsteht eine ganz besondere Atmosphäre im Wald. Der Sehsinn, unser dominantester Sinn, tritt nun in den Hintergrund und macht Platz für die anderen Sinne, die im Alltag allzu oft zu kurz kommen. Das Rascheln einer Maus im Laub klingt plötzlich nach einem riesigen Wildschwein. Auf einmal steigt dir der intensive Geruch von Fuchspipi in die Nase, der dir vorher nie aufgefallen ist. Selbst ein zarter Windhauch, der sanft dein Gesicht streift, ist nun spürbar, und vielleicht macht sich innerlich auch ein leicht mulmiges Gefühl in dir breit. Möglicherweise steigen in deinem Kopf Bilder auf, deine Fantasie wird angeregt, und gleichzeitig fühlst du eine unvergleichliche Lebendigkeit in dir.

Bei einer Übernachtung im Wald bist du mittendrin, lernst die Tiere der Nacht kennen, entdeckst neue, geheimnisvolle Seiten der Natur und kannst noch einmal tiefer in sie eintauchen.

Eine Waldübernachtung unter freiem Himmel sollte daher standardmäßig einen Platz auf jeder Bucket List finden.

Um eine Nacht im Wald zu verbringen, braucht es nicht viel, vor allem keine teure Hightech-Ausrüstung. Eine Isomatte und ein Schlafsack sind vollkommen ausreichend. Wenn du während der Nacht feststellst, dass deine Ausrüstung in Sachen Komfort ausbaufähig ist, tröstet dich vielleicht der Gedanke, dass der nächste Morgen ganz bestimmt kommt und du in der folgenden Nacht wieder im gewohnt kuscheligen Bett liegst, dafür aber mit einem Rucksack voll neuer, spannender Erfahrungen.

Mit den folgenden Tipps wird die erste Nacht in der Natur aber hoffentlich ein angenehmes Abenteuer für dich.

Komfortzone langsam erweitern

Um Abenteuer zu erleben, müssen wir in der Regel ein wenig über unsere Komfortzone hinausgehen. Allerdings solltest du dabei nie über das Ziel hinaussprinten, sondern dich langsam, Schritt für Schritt, über deine eigene, ganz persönliche Grenze wagen. Anderenfalls wird es wahrscheinlich dein letztes Outdoor-Übernachtungsabenteuer gewesen sein, und das wäre doch wirklich schade.

Taste dich also auch beim Übernachten unter freiem Himmel langsam heran. Vielleicht magst du deine Isomatte erst einmal auf dem Balkon oder im eigenen Garten ausbreiten? Wenn sich das gut anfühlt, kannst du dir im nächsten Schritt vielleicht ein Waldstück in deiner Nähe aussuchen, von dem aus du zur Not auch nachts gefahrlos den Heimweg antreten kannst. Du kannst dir für deine erste Übernachtung natürlich auch eine Begleitung suchen und dich auch hier langsam an das Solo-Abenteuer rantasten.

Jack Wolfskin

Der richtige Untergrund

Bei der Wahl deines Schlafplatzes solltest du dir etwas Zeit lassen. Schau dich in Ruhe um, checke den Untergrund und überlege, wo du dich die ganze Nacht wohlfühlen könntest. Dein Liegeplatz sollte so eben wie möglich sein. Die Materialien unserer modernen Outdoor-Ausrüstung haben in der Regel eine sehr glatte Oberfläche, sodass du nachts ständig von der Isomatte rutschst, selbst wenn du nur eine leichte Hanglage hast. Auch kleinste Unebenheiten, die dir bei Tag vollkommen egal sind, können nachts dazu führen, dass du kein Auge zubekommst.

Nachts mutieren wir gerne zum Prinzen oder zur Prinzessin auf der Erbse. Räume daher potenzielle Störenfriede wie Steine, Äste, spitze Zapfen und Ähnliches auf die Seite. Weiche Materialien wie herabgefallenes Laub, gleichmäßig benadelte Äste oder runde Zapfen kannst du hingegen sammeln und deinen Schlafplatz damit auspolstern und für zusätzliche Isolation gegen Kälte von unten sorgen.

Aus kräftigen herumliegenden Ästen kannst du dir sogar eine Art Bettgestell bauen, das du mit viel weichem Laub und Ähnlichem auspolsterst, und fertig ist dein Outdoor-Bett. Nimm viel mehr Polstermaterial, als notwendig erscheint – es drückt sich nachts zusammen, und du wirst für jeden Zentimeter Extramaterial dankbar sein. Wenn du deine Liegefläche ordentlich vorbereitet hast, kannst du deine Isomatte direkt darauflegen. Unterlagen aus Zeltstoff oder Ähnlichem sorgen wieder für eine Rutschpartie, rascheln häufig laut, und spitze Gegenstände, die der Isomatte gefährlich werden könnten, hast du ja vorher entfernt. Nimm dir vor Einbruch der Nacht lieber ein paar Minuten Zeit, um Probe zu liegen und eventuelle Unebenheiten noch ausgleichen zu können. Nachts hat man oft keine Lust, noch einmal aufzustehen, und bringt sich selbst um einen guten Schlaf, wenn man bei der Vorbereitung des Lagerplatzes nicht sorgfältig war.

Wetterschutz

Nicht nur ein bequemes, sondern auch ein geschütztes Plätzchen für die Nacht zu finden, erhöht die Behaglichkeit im Freien enorm. Ist eine trockene, sternenklare Nacht vorhergesagt, rückt der Schutz von oben vielleicht in den Hintergrund, aber auch in solchen Nächten kann es ratsam sein, nicht mitten auf einer Freifläche zu liegen, um sich vor der hereinkriechenden Kälte zu schützen.

Bevor du beginnst, deinen Schlafsack auszurollen, kannst du einmal kurz in den Wald hineinspüren. Bemerkst du Wind? Und wenn ja, aus welcher Richtung? Wo kommt die Kälte her? Vielleicht findest du anschließend einen Baum oder etwas anderes, das dich vor Wind und Kälte schützt.

Regen bereitet einem bei einer Waldübernachtung aber wahrscheinlich die größten Sorgen. Auch hier gibt es Möglichkeiten, zumindest einzelne Regenschauer trocken zu überstehen, ohne gleich etwas bauen zu müssen. Während du dich sonst wahrscheinlich eher über den Anblick mächtiger Buchen im Wald freust, bieten Fichten und andere Nadelbäume für Übernachtungen Vorteile. Die regenschirmartige Aststellung der Nadelbäume bewirkt nicht nur, dass den Bäumen im Boden das Wasser ausgeht, sondern sorgt gleichzeitig für ein trockenes Schlafplätzchen. Bei Regen hat ein Schlafplatz unter Laubbäumen gleich zwei Nachteile. Zum einen können die Regentropfen sich leichter durch die Blätter der Laubbäume bewegen, und du bist dem Regen schneller ausgeliefert, zum anderen regnet es unter Laubbäumen immer zweimal. Selbst wenn es bereits aufgehört hat, tropft es von den Blättern immer noch nach.

Auch in den kühleren Jahreszeiten, wenn Buche & Co. keine Blätter mehr tragen, bieten Nadelbäume stets einen zuverlässigen Schutz von oben.

Tipp

Den trockensten Platz unter Fichten findest du mit einem Blick nach oben. Je weniger licht die Krone ist, je weniger Himmel du siehst, desto trockener wirst du liegen. Die Krone einer gesunden Fichte hält locker einen Regenschauer von zehn Litern pro Quadratmeter ab – das ist schon eine ganze Menge. Dazu musst du dein Outdoor-Bett so dicht wie möglich am Stamm einrichten. Dort sind zwar die dicken Wurzelanläufe, die drücken können, doch das kannst du durch eine entsprechende Polsterung aus Zweigen und Laub ausgleichen.

Tipps gegen Kälte

Je nachdem, in welcher Region du unterwegs bist, können die Nächte selbst im Hochsommer recht kühl sein. In den Wäldern rund um die Waldakademie erreichen die Temperaturen auch in Sommernächten selten den zweistelligen Bereich. Kalte Körperstellen, die einem tagsüber gar nicht auffallen, können einem nachts den Schlaf rauben.

Kälte ist daher einer der größten Feinde für einen ruhigen Schlaf, dem du aber mit einigen Tricks entgegenwirken kannst.

Schlafsack

Wenn du Bedenken hast, ob der Schlafsack, den du verstaubt in der hintersten Ecke des Dachbodens gefunden hast, den nächtlichen Temperaturen wirklich standhält, brauchst du dir nicht sofort einen neuen zu kaufen. Eine Kombination aus zwei Schlafsäcken ist eine effektive Lösung, die den Geldbeutel schont. Leihe dir einfach einen zweiten Schlafsack aus und stecke beide ineinander. Falls einer der beiden Schlafsäcke enger geschnitten ist, solltest du darauf achten, dass du diesen in den großzügigeren Schlafsack steckst. Es ist nämlich nicht der Schlafsack, der die Wärme produziert, sondern unser Körper. Der Schlafsack soll die von uns produzierte Wärme nur halten. Damit wohlige Wärme im Schlafsack entsteht, braucht es Platz für Luftschichten, die wir mit unserem Körper erwärmen können. Ist der Schlafsack zu eng, fehlt es an diesen Luftschichten, und wir beginnen zu frieren.

Für den Fall, dass einer deiner Schlafsäcke mit Daunen gefüllt ist und der andere mit synthetischem Material, sollte der Daunenschlafsack nicht die äußere Schicht bilden. Während synthetische Materialien die Wärme auch noch halten, wenn sie feucht werden, büßen Daunen einen Großteil ihrer Isolationswirkung bei Feuchtigkeit ein.

Um eine erholsame Nacht zu verbringen, sollte man sich bei Schlafsäcken an der angegebenen Komforttemperatur orientieren. Die häufig ebenfalls genannten unteren Grenz-/Limit- oder Extrembereiche geben eher an, dass man bei diesen Temperaturen zwar die Nacht überlebt, dabei aber kaum ein Auge zubekommen wird. Doch auch die Komforttemperatur ist nur ein grober Richtwert, da das individuelle Kälteempfinden sehr unterschiedlich ist. Ist man eher kälteempfindlich, kann man durchaus auch im Sommer einen Schlafsack mit einem Komfortbereich um die null Grad wählen.

Wenn es zu regnen beginnt, bleibe so lange wie möglich im Schlafsack liegen. Deine Körperwärme trocknet ihn fortlaufend von innen heraus, sodass er bei leichtem Regen innen nicht nass wird. Erst wenn du dich im Regen ans Lagerfeuer stellst und den Schlafsack liegen lässt (ein häufig gemachter Anfängerfehler), feuchtet dieser komplett durch und ist für diese Nacht nicht mehr nutzbar.

Mythos: Im Schlafsack nur Unterwäsche tragen, sonst friert man

Hin und wieder stößt man auf den Hinweis, man solle im Schlafsack nur die Unterwäsche tragen, da man sonst schnell zu frieren beginnt. Das stimmt so allerdings nicht. Zieh dir gerne so viele Schichten an, wie du magst. Achte allerdings auch hier darauf, dass zwischen den Kleiderschichten und dem Schlafsack ein wenig Platz bleibt, damit dein Körper die Luft in den Zwischenräumen aufwärmen und deine Kleidung die gewärmte Luft halten kann. Sitzt hingegen alles zu eng, kann es tatsächlich besser sein, nur die Unterwäsche zu tragen, um genug Platz für warme Luft zu haben.

Kalte Füße verhindern

Die Füße fangen (nicht nur bei Frauen) häufig als Erstes an zu frieren und können einem die Nacht ganz schön vermiesen. Kalten Füßen kannst du allerdings ganz leicht entgegenwirken, indem du sie in eine zusätzliche Wärmehülle steckst. Das kann eine Jacke, ein Shirt oder ein anderes Kleidungsstück sein, das du während der Nacht nicht trägst, sodass du nicht noch zusätzlich etwas mitschleppen musst. Wenn du ein weiteres Paar Kuschelsocken dabeihast, ist das natürlich super, aber auch ein locker gewickeltes T-Shirt hilft bei kalten Füßen.

Wenn du in der Nähe deines Lagerplatzes sogar ein Feuer entzünden darfst, kannst du dir auch eine kleine Outdoor-Wärmflasche für die Füße vorbereiten. Lege hierfür einfach einen Stein ans Feuer (nicht in das Feuer, denn dann kann der Stein zerspringen), der die wohlige Wärme für einige Stunden in sich speichert und den du mit in den Schlafsack nehmen kannst.

Mütze tragen

Über den Kopf verlieren wir die meiste Wärme. Vor allem, wenn wir ruhig und bewegungslos daliegen, merken wir das schnell. Um zu verhindern, dass zu viel wertvolle Wärme über den Kopf entweicht, kannst du, auch im Sommer, eine dünne Mütze tragen.

Warm in den Schlafsack

Da es unser Körper ist, der die Wärme produziert, solltest du gut gewärmt in den Schlafsack schlüpfen. Denn wenn dir vorher bereits kalt ist, schafft es auch der beste Expeditionsschlafsack nicht, dich wieder aufzuwärmen. Spürst du, dass Kälte in dir aufsteigt, kannst du vor dem Schlafengehen deinen Kreislauf noch einmal etwas in Schwung bringen, damit dir wieder warm wird. Hierbei darfst du gerne kreativ werden – Hampelmänner, Kniebeugen oder eine kleine Joggingrunde ums Feuer sind gute Mittel gegen Kälte.

Etwas Warmes im Bauch oder ein paar Extrakalorien können dir nachts ebenfalls helfen, von innen warm zu bleiben. Trinke also gerne noch einen Tee, oder iss einen Schokoriegel, bevor du ins Bettchen kriechst. Allein das fühlt sich doch schon rebellisch an, oder? Ohne Zähneputzen und mit Schokolade ins Bett …

Kleinkram verstauen

Wohin mit Brille oder Stirnlampe? Manchmal muss man dann doch nachts raus, um sich zu erleichtern, und im Stockdunkeln fällt die Orientierung sehr schwer. Deshalb stellst du deine Schuhe neben das Kopfteil vom Schlafsack, sodass du die notwendigen Dinge bequem herausangeln kannst. Gerade zerbrechliche Sachen wie die Brille sind ansonsten auch trittgefährdet, deshalb sollte sie entweder am Schuhrand oder an einem Aststummel des nächsten Baumes aufgehängt werden.

Kleidung wie T-Shirts oder Socken packst du zu dir in den Schlafsack, weil sie dort trocken und warm bleiben. Am Baum aufgehängt werden sie in der kühlen, feuchten Nachtluft klamm.

Und hier noch ein sehr wichtiger Punkt: Leave no trace! Ein Ehrenkodex unter Naturabenteurern ist es, draußen keine Spuren zu hinterlassen. Dass wir unsere Abfälle wieder mit aus dem Wald nehmen, ist für die meisten Menschen selbstverständlich. Doch auch durch ein Feuer, unseren Schlafplatz, das Zähneputzen oder unseren Toilettengang hinterlassen wir Spuren. Zum einen sollen sich Tiere durch uns möglichst wenig gestört fühlen. Aber auch, um anderen Menschen die Möglichkeit zu geben, ihr eigenes Abenteuer zu erleben, solltest du deine Spuren so gut es geht beseitigen. Stell dir einmal vor, du bist auf der Suche nach einem Platz für die Nacht und entdeckst eine abgebrannte Feuerstelle, um die sich ein Mosaik aus weißen Zahnpastaflecken und Toilettenpapierfetzen rankt. Da kommt kein wirkliches Abenteuer-Feeling auf …

Nahrung für das Waldabenteuer

Natur macht hungrig, und irgendwann fängt der Bauch an zu knurren. Essenstechnisch kannst du für dein Outdoor-Abenteuer ruhig vorsorgen und dabei auch wieder deiner Kreativität freien Lauf lassen. Klassiker wie Äpfel und Müsliriegel gehen natürlich immer. Es geht aber auch ein bisschen raffinierter. Drogeriemärkte sind mittlerweile zu wahren Eldorados für Outdoor-Mahlzeiten und Snacks mutiert. Dort findet sich eine Vielzahl an kleinen Gerichten, die mit Wasser einfach zubereitet werden können, sowie süße und salzige Snacks, häufig in Bioqualität, die keine Wünsche offen lassen.

Du kannst dir dein Frühstück und Abendessen aber auch zu Hause ganz leicht selbst vorbereiten. Für das Outdoor-Frühstück eignen sich Porridge, Milchreis oder Griesbrei hervorragend. Mit allerlei Nüssen, Kakaonibs, Kokosraspeln, getrockneten Früchten und Ähnlichem getoppt, kannst du auch draußen richtig lecker in den Tag starten. Vor allem Porridge lässt sich sogar ganz ohne Wärmequelle zubereiten, indem du es einfach über Nacht in kaltem Wasser ziehen lässt. Für das Abendessen sind Gerichte super, die nur kurz kochen oder lediglich in heißem Wasser quellen müssen. Bewährt haben sich Couscous, Bulgur, Instant-Kartoffelpüree oder Nudeln aus Hülsenfrüchten. Gemixt mit deinen Lieblingsgewürzen, Nüssen und Saaten, Röstzwiebeln oder getrockneten Tomaten, kannst du dir kostengünstig dein eigenes Outdoor-Essen zaubern. Wer zu Hause einen Dörrautomaten hat, kann sogar ganze Lieblingsgerichte dörren und muss anschließend nicht einmal im Wald auf den gewohnten Genuss verzichten. Wenn du also gerade Hummus oder Chili sin Carne gekocht hast, kannst du die Reste einfach auf das Dörrblech streichen und hast dein Essen allzeit bereit für das nächste Draußen-Abenteuer. Da alle Zutaten bereits gekocht sind, reicht es sogar aus, deine Mahlzeit für ein paar Stunden in kaltem Wasser quellen zu lassen, sodass du den Kocher zu Hause lassen kannst.

Falls dich ein Regenschauer voll erwischt hat, deine Füße platt vom Wandern sind, dein Feuer einfach nicht in Gang kommen will und deine Laune zu sinken beginnt, hat sich auch ein Notfallschokoriegel im Gepäck bewährt. Und zack, sieht die Welt schon wieder besser aus …

Aber auch im Wald lässt sich der eine oder andere Snack finden, der deinem Outdoor-Erlebnis eine besondere Note geben kann.

Das Kambium

Im ersten Kapitel hast du bereits vom Kambium, der Wachstumsschicht des Baumes, gehört. Diese ist nicht nur überlebenswichtig für den Baum, sondern kann uns im Wald auch eine Extraportion Nährstoffe liefern. Geschmacklich liegt das Kambium irgendwo bei süßer Möhre mit harziger Note und ist damit ein kleines Highlight. Genießbar ist diese Delikatesse aber vor allem im Frühjahr. Wenn der Baum so richtig schön vollgepumpt ist mit Wasser, steht auch das Kambium voll im Saft und lässt sich mit einem Messer leicht von Rinde und Splintholz lösen. Gesunde Bäume würde dieser Snack jedoch das Leben kosten, daher solltest du Ausschau nach frisch umgestürzten oder gefällten Bäumen halten. Wenn du die Rinde der umgefallenen Riesen entfernst, kannst du mit dem Messer flach über den Stamm fahren. Löst sich eine glasige, fast durchsichtige Schicht ab, hast du das Kambium erwischt und kannst es dir schmecken lassen.

Nimm aber kein Kambium von am Weg aufgestapeltem Holz – dieses könnte mit Insektiziden behandelt sein; eine Praxis, die leider immer noch verbreitet ist.

Buchenblätter

Im Mai und Juni, wenn die Buchen ihre zarten Blätter frisch entrollt haben, kannst du dir einen gesunden Snack mit milder Zitronennote gönnen. Die jungen Buchenblätter sind in dieser Zeit nicht nur beliebt bei Rehen, sondern eignen sich auch ganz hervorragend für einen frischen, nährstoffreichen Salat. Nach wenigen Wochen legt sich dann eine dicke Wachsschicht auf das Blatt, und es wird zunehmend holziger. Giftig ist es auch später im Jahr nicht, aber Mundgefühl und Geschmack lassen dann eher zu wünschen übrig.

Knospen

Kurz bevor die Blätter der Laubbäume sich entrollen, schwellen die Knospen an und werden zu einem knackigen Nährstoffwunder. Alle Laubbäume entfalten dabei ihre ganz eigenen Geschmacksnuancen. So kann man sich einmal durch Rotbuchen-, Hainbuchen-, Linden- oder Eichenknospen durchkosten. In den kleinen Bündeln steckt komprimiert alles, was die Blätter später zum Leben brauchen, daher liefern sie auch uns viele wertvolle Nährstoffe.

Baumsamen

Im Spätsommer reifen bei vielen Bäumen die Samen heran. Sie sind zwar eher klein, aber dafür vollgepackt mit guten Fetten, Eiweiß und Mikronährstoffen. Schon mit einer kleinen Portion kannst du deinen knurrenden Magen also zum Schweigen bringen. Probiere dich gerne mal durch Bucheckern, Ahorn-, Hainbuchen-, Fichten- oder Kiefernsamen durch. Geröstet sind sie ein Genuss. Bitte beachte, dass Bucheckern in rohem Zustand leicht giftig sind. Kleinere Mengen sind auch roh unbedenklich, aber wenn du mehr davon essen möchtest, solltest du sie vorher rösten.

Fichtennadeln

Wer es gerne sauer mag, sollte im Frühjahr die frischen, hellgrünen Fichtentriebe probieren. Der zitronig-herbe Geschmack deutet bereits darauf hin, dass in ihnen viel Vitamin C steckt. Aber auch aus den älteren, dunkelgrünen Fichtennadeln lässt sich ein aromatischer Waldtee kochen. Hierzu kannst du einfach zwei bis drei kleine Fichtenzweige sammeln und sie kopfüber einige Minuten in heißem Wasser ziehen lassen. Fertig ist der wärmende Waldläufertee.

Wenn du dir von zu Hause eine Thermoskanne mit heißem Wasser mitnimmst, brauchst du nicht einmal ein Feuer oder einen Kocher, um den Tee draußen genießen zu können.

Auch die Nadeln von Kiefer und Douglasie eignen sich für die Zubereitung eines Tees und entfalten wieder einen eigenen Geschmack.

Notfallset

Ein kleines Missgeschick ist draußen schnell passiert. Du knickst bei der Wanderung um, wirst von einem Insekt gestochen, verbrennst dir beim Feuermachen die Finger oder bleibst an den fiesen Dornen einer Brombeerranke hängen. Es ist daher sinnvoll, dich auf solche Unfälle vorzubereiten, damit du dein Outdoor-Abenteuer nicht gleich abbrechen musst. Was ist da naheliegender, als sich ein Notfallset zu besorgen, das man im Rucksack bei sich trägt?

Ein Erste-Hilfe-Set einzustecken ist in jedem Fall eine gute Idee. Nach dem Kauf sollte es allerdings nicht ungeöffnet in den Tiefen deines Rucksacks verschwinden. Schau dir also genau an, was darin enthalten ist, damit du im Ernstfall Bescheid weißt.

Zusätzlich kannst du dein Päckchen noch weiter aufstocken. Bei der Überlegung, was sinnvoll sein könnte und was nur unnötiger Ballast, hilft dir dein gesunder Menschenverstand. In einer Survivalsituation ist es von Vorteil, wenn Gegenstände gleich mehrere Funktionen erfüllen. So reduzierst du Gewicht und hast zwei (oder mehr) Fliegen mit einer Klappe geschlagen. Folgende Ergänzungen haben sich in der Praxis bewährt:

Ausreichend Verbandsmaterial

Achte darauf, dass in deinem Notfallset immer genügend Verbandsmaterial für die Länge deiner Tour und die Anzahl der teilnehmenden Personen enthalten ist. Gerade kleinere Sets sind häufig nur mit ein paar Pflastern, einem Verbandspäckchen und einer Wundkompresse bestückt. Was machst du, wenn du dich am ersten Tag deiner dreitägigen Wanderung in den Finger ratschst und sich deine Begleitung am zweiten Tag das Knie aufschürft? Dann kann es schon eng werden. Packe also lieber noch ein paar zusätzliche Pflaster und Ähnliches in dein Erste-Hilfe-Päckchen, damit du deine Wunden immer gut versorgen kannst.

Klammerpflaster

Mit dem Messer ist man schnell abgerutscht oder beim Erfrischen im Bach auf einen scharfen Stein getreten. Selbst kleine Schnitte können extrem bluten und für ein vorzeitiges Aus deines Abenteuers sorgen. Klammerpflaster, auch bekannt als Wundnahtstreifen, können bei solchen Verletzungen deine Rettung sein. Schnell hält die Wunde zusammen, die Blutung hört auf, und du kannst die Natur weiter genießen.

Einweg-Kühlpads

Bei kleinen Verbrennungen, juckenden Insektenstichen oder einem umgeknickten Knöchel können Einweg-Kühlpads Abhilfe schaffen. Durch ein kurzes Zusammendrücken werden sie aktiviert und kühlen zumindest für die erste Zeit sehr gut. Zugegeben, es ist nicht die ökologischste Variante, aber allzu oft müssen die Pads hoffentlich auch nicht zum Einsatz kommen.

Zeckenzange

Bei Streifzügen durch Wald und Wiese nimmt man den einen oder anderen blutsaugenden Gast unfreiwillig mit. Um das Risiko einer Borreliose zu verringern, ist es ratsam, die Zecke so schnell wie möglich zu entfernen. Neben der klassischen Zeckenzange sind auch Zeckenkarten oder -hebel fix eingesteckt und leicht in der Handhabung.

Mythos: Zecken lassen sich von Bäumen fallen

Acht Beine, klein, dunkel, blutsaugend – der Gedanke an Zecken löst bei den meisten Menschen zumindest ein leichtes Unbehagen, wenn nicht sogar Panik aus. Über die Spinnentiere kursieren einige Mythen, allen voran die Behauptung, sie ließen sich heimtückisch von Bäumen auf uns herabfallen. Aus Sicht der Zecke wäre das allerdings wenig sinnvoll. Die kleinen Blutsauger sind äußerst langsam und träge unterwegs und wollen irgendwann einmal ihren Hunger durch eine leckere Blutmahlzeit stillen, auf die sie mitunter bis zu einem Jahr warten müssen. Die Chance, tatsächlich auf einem vorbeilaufenden Tier oder einem Menschen zu landen, wäre dabei nicht besonders hoch, wenn Zecken sich von hoch oben fallen lassen würden.

Sinnvoller ist es, an Stellen zu warten, an denen ein reges Treiben herrscht und häufig Tiere zum Greifen nahe vorbeikommen. So hocken Zecken gerne in circa kniehoher Vegetation, nicht selten an Wildwechseln, und warten darauf, als blinder Passagier mitgenommen zu werden. Ein spezielles Riechorgan tragen sie an ihren Vorderbeinen, sodass sie Tiere im Anmarsch riechen und ihre Erschütterungen wahrnehmen können. Dann werden die Vorderbeine ausgestreckt und gehofft, nah genug am Objekt der Begierde zu sein, um vom Grashalm, dem Ginster- oder Heidelbeerstrauch abgestreift und mitgenommen zu werden. Dabei werden sie laut einer Studie der Universität Bristol aus dem Jahr 2023 sogar durch elektrostatische Ladung von ihrem Wirt regelrecht angezogen.[122] Die Gefahr, von einer Zecke gestochen (nicht gebissen) zu werden, kannst du also enorm verringern, wenn du deine Beine kurz auf der Vorderseite bis auf Kniehöhe absuchst, nachdem du durch dichtes Gras gegangen oder einem Wildwechsel gefolgt bist. Das geht auf einer hellen Hose besonders gut, da Zecken schwarz oder rotbraun sind.

Zusätzlich zu dem gut bestückten Notfallset können dir auch die folgenden Gegenstände mit ein wenig Kreativität das Outdoorleben erleichtern, da sie gleich mehrere Zwecke erfüllen und dabei dennoch handlich sind.

Mehrzweckgegenstände

- Taschenspiegel (mit integrierter Haarbürste) – Ja, auch draußen darf man ein wenig eitel sein. Mit einem kleinen klappbaren Spiegel, den es zusätzlich auch mit integrierter Haarbürste gibt, kann man zwischendurch sein Aussehen checken und die Frisur wieder richten. Gleichzeitig ist er aber auch ein super Hilfsmittel für die Zeckensuche. Da es sich die kleinen Blutsauger gerne an den unmöglichsten Stellen gemütlich machen, etwa im Intimbereich oder in den Achselhöhlen, kann ein Spiegel, vor allem, wenn man alleine unterwegs ist, beim Auffinden helfen.

- Feuerzeug mit Panzertape – Ein Feuerzeug dabeizuhaben, ist nie eine schlechte Idee. Aber umwickelt mit Panzertape, kann man seinen Nutzen noch erhöhen. Panzertape kannst du zur notdürftigen Reparatur von Kleidung oder Ausrüstung verwenden, zum Fixieren und zusätzlich als effektive Anzündhilfe für dein Feuer.

- Zahnseide – Gerade, wenn du längere Zeit draußen unterwegs bist, solltest du deine Mundhygiene nicht vernachlässigen. Denn es gibt kaum etwas Schlimmeres, als draußen von pochenden Zahnschmerzen geplagt zu werden. Zahnseide lohnt sich gleich doppelt. Denn neben der Reinigung der Zahnzwischenräume kannst du sie auch als Schnur nutzen, etwa für deinen Shelterbau oder wenn der Schnürsenkel gerissen ist.

Apotheke und Lifehacks aus der Natur

Für viele der oben genannten Situationen und Probleme hält die Natur tatsächlich auch Lösungen bereit, deren Auffindung in der Regel allerdings ein wenig zeitintensiver ist als der Griff in dein präpariertes Notfallset. Wenn du deinen Blick jedoch etwas schärfst und auf deinem Weg durch die Natur immer die Augen offen hältst, kannst du dir dein Natur-Notfallpäckchen nach und nach schnüren.

Im Kapitel »Essbares aus Wald und Wiese« hast du bereits ein paar Allrounder, wie den Spitzwegerich oder die Schafgarbe, kennengelernt. In der nachfolgenden Auflistung kannst du dir für allerlei Wehwehchen die passende Pflanze raussuchen. Wenn nicht anders erwähnt, kannst du die Blätter der jeweiligen Pflanze zerdrückt oder zerkaut auf die entsprechende Stelle geben.

Bei kleinen Wunden

- Gundermann
- Spitzwegerich
- Giersch
- Esche

Bei entzündeten Wunden (antibakterielle Wirkung)

- Harzkügelchen (von Fichte, Kiefer, Tanne)
- Gundermann (»Gund« ist das althochdeutsche Wort für Eiter)

Bei Splittern

- Harzkügelchen (von Fichte, Kiefer, Tanne)
- Gundermann
- Taubnessel

Kurz einwirken lassen, und der Splitter lässt sich leichter entfernen.

Bei blutenden Wunden/Nasenbluten

- Spitzwegerich
- Schafgarbe

Die beiden oben genannten Allrounder sind auch als »Soldatenkräuter« bekannt. Während des Ersten und Zweiten Weltkriegs, als Medikamente in den Lazaretten knapp wurden, haben Ärzte auf diese beiden Kräuter zurückgegriffen, da sie überall verfügbar waren und sehr effizient wirken. Schafgarbe hat die Eigenschaft, sowohl blutstillend als auch blutungsfördernd zu wirken. Wie die Pflanze es anstellt, zur richtigen Zeit die passende Wirkung zu entfalten, ist noch immer ihr Geheimnis. Kinder haben sich früher schon gerne Schafgarbenblätter in die Nase gesteckt, wenn sie keine Lust auf Schule hatten. Das Nasenbluten kommt recht zuverlässig.

Bei Insektenstichen

- Spitzwegerich
- Gänseblümchen
- Giersch
- Springkräuter
- Huflattichblätter

Bei Sonnenbrand

- zerquetschte Früchte der Walderdbeere

Bei Zahnschmerzen

- Schafgarbe (Blätter und Blüten)
- Brombeerblätter (zusammengefaltet an die betroffene Stelle im Mund legen)

Bei Halskratzen

Wohltuender Tee:
- Lindenblüten
- Spitzwegerich

Soforthilfe zerkaut:
- Lindenblätter
- Lindensamen
- Spitzwegerich

Bei müden Füßen

- Eschenblatt
- Erlenblatt
- Spitzahornblatt

in Schuhe oder Strümpfe legen

Outdoor-Körperpflege

Auch in Sachen Outdoor-Körperpflege hält die Natur einiges bereit, sodass du deinen Badezimmerschrank nicht unbedingt plündern musst, wenn du draußen unterwegs bist. Ob Deo, Seife oder Zahnbürste: Für alles lässt sich draußen eine Lösung finden.

Seife

Klebrige Hände nach dem Picknick oder erdige Finger nach dem Erkunden des Waldbodens? Händewaschen nur mit Wasser geht selbstverständlich auch, aber um die fehlende Seife zu ersetzen, eignen sich die Nadeln der Kiefer hervorragend. Sie sind besonders lang, piksen kaum und enthalten zudem viele wohlriechende und antibakteriell wirkende ätherische Öle. An einem kleinen Bachlauf kannst du die Nadeln einfach zwischen deinen Händen zerreiben und dir, wie gewohnt, die Hände waschen.

Deo

Beginnt dein Deo nach einem langen, erlebnisreichen Tag im Wald zu versagen? Kein Problem! Die großen Blätter des Spitzahorns wirken leicht geruchsbindend und erfrischend. Zerrieben unter den Achseln, sind sie dein Deo to go.

Zahnbürste

Soll ich meine Zahnbürste mit auf mein Waldabenteuer nehmen, oder ist das zu spießig? Zahnpflege ist auch im Wald unverzichtbar, eine Naturvariante ist schnell gemacht: Fingerdicke Äste von Haselnuss oder Weide eignen sich perfekt für deine Zero-Waste-Zahnbürste. Trenne einen entsprechend dicken Ast ab und kaue eine Weile auf einem Ende herum, um die feinen Holzfasern voneinander zu lösen. Schnell entsteht so eine Art Bürste, mit der du deine Zähne putzen kannst.

»How to shit in the woods«

Ein Thema, das vielleicht erst mal etwas merkwürdig klingt, aber alle Outdoor-Abenteurer früher oder später beschäftigen wird. So hat Kathleen Meyer bereits 1989 einen Klassiker unter den Outdoor-Ratgebern mit dem Titel »How to Shit in the Woods« veröffentlicht, der sich mit diesem wichtigen Thema beschäftigt. Um dein Geschäft so spurlos wie möglich im Wald zu verrichten, gibt es verschiedene Möglichkeiten. Deine Hinterlassenschaften kannst du eingraben, das benutzte Toilettenpapier in einer Tüte sammeln und im Müll entsorgen oder (sofern gefahrlos möglich) verbrennen. Vielleicht magst du aber auch direkt auf Toilettenpapier aus der Natur zurückgreifen? Auch aus solchen Themen lässt sich eine kleine Outdoor-Challenge gestalten. Gehe doch mal mit dem Fokus in den Wald, was sich im Falle eines Falles als Toilettenpapier eignen könnte, und probiere es bei Gelegenheit aus. Es gibt eine Menge Material, das sanft zum Po ist.

Wie wäre es zum Beispiel mit weichem Moos (wirkt gleichzeitig wie feuchtes Toilettenpapier), den flauschigen, reißfesten Blättern von Huflattich oder gemeiner Klette, glatten Ästen oder Rindenstücken oder auch Fichtenzapfen (natürlich nur in Schuppenrichtung angewendet)? Lass deiner Kreativität freien Lauf, denn Toilettenpapier ist schließlich eine sehr moderne Erfindung, für die letztendlich auch wieder Bäume gefällt werden müssen. In vielen Kulturkreisen setzt man auch heute noch auf alternative Reinigungsmethoden, zum Beispiel mit Wasser.

Ideen für dein Mikroabenteuer

Nachdem du nun für eine Nacht im Wald gewappnet bist, deine Ausrüstung beisammen hast, weißt, wie du ein Feuer machst, was du snacken kannst, wenn der Hunger kommt, und was dir im Notfall helfen kann, gibt es nun noch weitere Inspirationen für deine nächsten Mikroabenteuer.

Mikroabenteuer zeichnen sich dadurch aus, dass du sie direkt vor deiner Haustür und ohne großen Aufwand erleben kannst, sodass einer erlebnisreichen Zeit draußen nichts im Wege steht.

Gehen wie ein Fuchs

Tierbegegnungen haben immer eine besondere Magie. Um sich wilden Tieren zu nähern, kann man sich die Tiere selbst als Vorbild nehmen. Hast du schon einmal genau darauf geachtet, wie ein Fuchs sich durch die Landschaft bewegt, wenn er etwas Leckeres entdeckt hat? Auf leisen Pfoten nähert er sich langsam Schritt für Schritt dem Objekt der Begierde, verharrt dabei zum Teil minutenlang in derselben Position und bleibt im Oberkörper nahezu bewegungslos.

Wie wäre es, diese schleichende Art der Fortbewegung einmal auszuprobieren und mit der Natur zu verschmelzen? Hast du vor dir ein Eichhörnchen, ein Reh oder einen Vogel entdeckt? Versuche einmal, in den Fuchsgang zu wechseln und dich ganz langsam an das Wesen vor dir heranzuschleichen. Auch die innere Haltung und dein Blick sind dabei entscheidend. Lass deinen Blick weich werden. Vielleicht kennst du selbst das unangenehme Gefühl, beobachtet zu werden, und wenn du dich umdrehst, starrt dich tatsächlich in der Bahn oder im Supermarkt jemand an? Tiere sind noch viel feiner in ihrer Wahrnehmung, sie spüren starre Blicke ebenso wie böse Absichten sehr schnell und verschwinden dann. Gehe, krieche, krabble also mit guten Gedanken, einem weichen Blick, langsam und ohne hektische Bewegungen durch den Wald und schaue, wie nah dich das Tier herankommen lässt. Kannst du es vielleicht sogar berühren und dich anschließend wieder unbemerkt entfernen? Ja, das ist mit regelmäßiger Übung tatsächlich möglich.

Wer wohnt da?

Hast du bei deinen Streifzügen auch schon mal ein Loch in der Erde entdeckt und dich gefragt, wer wohl darin wohnt? Das ist deine Chance für ein Mikroabenteuer mit Tierbegegnung! Such dir ein angenehmes, vielleicht leicht verborgenes Plätzchen in der Nähe deines Erdlochs, von dem aus du alles im Blick hast, und versuche, den oder die Bewohner zu Gesicht zu bekommen. Erdlöcher gibt es in allen Größen, und ebenso vielfältig sind auch die Tierarten, die darin leben.

Bestätigt sich deine Vermutung, oder gibt es doch eine große Überraschung? Kein Tier lässt sich blicken? Überlege einmal, woran es liegen könnte. Was könntest du verändern, um das Tier zu Gesicht zu bekommen? Welche Fragen können dir helfen, dein Rätsel zu lösen? Hat die Tageszeit vielleicht nicht gepasst? Warst du einfach zu nah dran oder dein Parfum womöglich zu verräterisch? Oder ist die Höhle momentan gar nicht bewohnt? Probier's aus und lass dich überraschen!

Orientierung im Wald

Manchmal sieht man den Wald vor lauter Bäumen nicht. Für die Orientierung im Wald und in der Natur ist es hilfreich, dir eine kleine Geschichte zu überlegen, in der du die markantesten Wegpunkte miteinander verbindest. Über Geschichten, die lebhafte Bilder erzeugen, können wir uns Dinge viel besser einprägen.

Überlege für dieses kleine Abenteuer einmal, wo sich in deiner Nähe ein möglichst flaches Waldstück befindet. Suche dir nun eine Stelle, in die du etwa 200 Meter schnurstracks querfeldein hineinlaufen kannst. Achte bei deinem Weg durch den Wald auf hervorstechende Orientierungspunkt und erzähle dir selbst eine Geschichte hierüber. Erinnert dich der Baum mit den vielen märchenhaft verschlungenen Stämmen an etwas? Leuchtet das Moos an dieser Stelle besonders intensiv, oder kreuzt ein Wildwechsel deinen Weg?

Nach den 200 Metern bleibst du stehen und versuchst, genau denselben Weg zurückzulaufen. Findest du all deine Wegpunkte wieder? 200 Meter mögen wenig klingen, genügen aber für den Anfang. Persönliche Anpassungen sind natürlich jederzeit erlaubt.

Geplant verlaufen

Wie wäre es, dich einmal geplant zu verlaufen? Such dir einen Wald aus und lass dich einfach treiben. Wo zieht es dich gerade hin? Biege mal links, mal rechts ab, lauf quer durch den Wald. Schau dir alles an, was dich gerade interessiert, oder leg eine Pause ein, wenn dir danach ist. Lass dein Gefühl bestimmen, welchen Weg du durch den Wald nimmst, ohne auf deinen Verstand zu achten. Spannend wird es, wenn du nicht weißt, wo du am Ende rauskommst, und welche Gedanken und Gefühle währenddessen in dir aufsteigen.

In Deutschland ist das nächste Dorf meist nur wenige Kilometer entfernt, sodass du immer wieder einen Weg zurück finden kannst. Vielleicht kannst du auf einer Karte vorab die Gegend auschecken, damit du dich am Ende deines Abenteuers nicht ganz verloren fühlst und schnell einen Weg nach Hause findest. Mithilfe deines Handys ist der nächste Bahnhof zudem schnell gefunden.

Die Quelle finden

Sicherlich hast du dich im Wald gelegentlich über kleine Bachläufe gefreut, die munter dahinplätschern und dir einen schönen Pausenplatz oder eine Abkühlung für müde Wanderfüße geboten haben. Aber hast du dich auch schon mal gefragt, wo dieses Bächlein eigentlich herkommt, wo es seinen Ursprung hat? Finde es heraus! Schau dir an, in welche Richtung der Bach fließt, und folge seinem Verlauf in entgegengesetzter Richtung. Kannst du die Quelle finden, aus der das Wasser entspringt? Auf deinem Weg warten sicherlich viele spannende Entdeckungen auf dich.

Naturkost für einen Tag

In den vorangegangenen Kapiteln hast du schon einiges über die Leckereien der Natur und des Waldes erfahren. Versuche, dein Wissen anzuwenden und dich einen Tag lang nur von dem zu ernähren, was du draußen finden kannst. Was könntest du frühstücken? Welche Snacks warten am Wegesrand? Was könnte deinen Hunger am Mittag und am Abend stillen? Gibt es ein leckeres Getränk für zwischendurch? Achte aber darauf, dass du die Zutaten, die du verwendest, auch sicher bestimmen kannst.

Laubhütte bauen

Ein Shelter, das dich vor Wind und Wetter schützt, steht in einer Survivalsituation ganz oben auf der Liste. Vielleicht hast du Lust, in den Wald zu ziehen und dir einen solchen Schutz zu bauen. Die Laubhütte ist dabei der Klassiker. Du kannst dir natürlich vorab Videos mit Bauanleitungen anschauen, spannender ist es allerdings, wenn du selbst überlegst, wie dein Unterstand sein müsste, damit du dich darin wohlfühlst. Wie kannst du das Gerüst gestalten? Welches Material brauchst du, damit es warm bleibt? An welcher Stelle könntest du dir vorstellen, die ganze Nacht zu verbringen? Was bietet dir die Natur dort, wo du gerade bist?

Vielleicht magst du dein Mikroabenteuer sogar mit einer Übernachtung in deinem eigenen Wald-Zuhause abschließen? Im Sinne von Leave-no-Trace solltest du deine Spuren nach deinem Abenteuer beseitigen und dein Shelter wieder dem Wald überlassen.

Kleine Outdoor-Challenges für zwischendurch

Um aus deinem Alltag auszubrechen, kannst du dir selbst immer wieder kleine Challenges überlegen, die zu deinen persönlichen Abenteuern werden können. Hierbei kannst du wieder kreativ werden und überlegen, welche deiner Fähigkeiten du draußen testen oder ausbauen möchtest. Wenn du dich immer wieder deinen persönlichen kleinen Outdoor-Herausforderungen stellst, wirst du nach und nach deine Sinne schärfen, deine Grenzen erweitern, Teil der Natur werden und während deiner Draußenzeit mehr wahrnehmen.

Das Wichtigste ist aber, Spaß dabei zu haben und dir keinen Druck zu machen. Nachfolgend findest du ein paar Anregungen, aber die Fülle der Möglichkeiten, die draußen darauf warten, von dir erlebt zu werden, ist riesig.

Barfuß-Challenge

Barfuß im Winter? Nee, das ist doch viel zu kalt!, denkst du? Probier's doch einfach mal aus. Zieh dir im Wald auch bei kühleren Temperaturen die Schuhe aus und laufe ein Stück barfuß. Wie fühlt es sich an, was spürst du unter deinen Füßen? Ist es wirklich so kalt? Deine Schuhe stehen allzeit bereit, um deine Füße wieder zu wärmen und zu schützen. Vielleicht magst du irgendwann sogar einen ganzen Waldspaziergang barfuß absolvieren?

Regen-Challenge

Draußen regnet es gerade in Strömen. Perfektes Wetter, um sich gemütlich auf das Sofa zu kuscheln. Oder aber die perfekte Gelegenheit für eine kleine Challenge!

Wie fühlt es sich an, bei Regen im Wald zu sein? Kalt, nass, fies oder gar nicht so übel? Vielleicht magst du sogar bewusst auf deine Regenkleidung verzichten, um die Tropfen zu spüren. Welche Gedanken kommen dir? Fragst du dich vielleicht, wie die Tiere das eigentlich machen, so ganz ohne Regenjacke? Endlich auf dem trockenen Sofa angekommen, kannst du gleich mit der Recherche starten.

Fasten-Challenge

Wenn wir Hunger haben, ist der nächste Supermarkt nicht weit, der für alle Gelüste ständig das Passende bereithält. Als Waldtier ist das nicht so einfach. Futterquellen müssen aufgespürt, Beutetiere kräftezehrend gejagt, Wildkräuter mühselig gesammelt werden, und manchmal findet man auch einfach nichts, und der Bauch knurrt tagelang. Auch die Bäume müssen Hungerphasen aushalten, wenn es mal wieder wochenlang nicht regnet und ihnen die Hauptzutat für die Zuckerproduktion fehlt.

Wie fühlt es sich für dich an, einen Tag lang nichts zu essen? Vielleicht hast du Lust, dich an diese kleine Challenge heranzuwagen und dich den Lebewesen im Wald auf diese Weise ein wenig mehr zu nähern.

Augen-zu-Challenge

Um unsere Umgebung wahrzunehmen, verlassen wir uns sehr stark auf unsere Augen. Aber was passiert, wenn uns das Gelände die Sicht versperrt oder wir in der Dunkelheit ohne Licht unterwegs sind? Wie fühlt es sich an, wenn du deine Augen einmal bewusst zumachst und dich blind durch den Wald bewegst? Vielleicht kennst du eine Stelle im Wald ohne große Stolperfallen, die du mit geschlossenen Augen erkunden magst. Was nimmst du wahr? Wie riecht der Wald, wie hört und fühlt er sich an? Kannst du wie gewohnt aufrecht gehen, oder fällt es dir auf allen vieren möglicherweise leichter, dich zurechtzufinden?

Egal, wie viel du über Survivalfähigkeiten oder Naturwissen liest: Die Abenteuer warten draußen auf dich und wollen gelebt werden. Also, raus mit dir! Probiere neue Dinge aus, sammle deine eigenen Erfahrungen, trau dich, Fehler zu machen, und kreiere deine ganz eigenen Draußen-Momente, die dich wachsen lassen und dich, wie gute Freunde, durchs Leben begleiten.

Sitzplatz-Challenge

Einfach nur sitzen – das ist doch keine Challenge! Manchmal ist es aber gar nicht so leicht, sich einfach nur hinzusetzen und dabei nichts zu tun und nicht zu denken. Für zehn Minuten mag es noch eine halbwegs leichte Übung sein, aber wie sieht es mit 20, 30 oder gar 60 Minuten aus? Und was ist, wenn es draußen regnet, es dunkel oder kalt ist?

Der Sitzplatz ist ein simples, aber effektives Mittel, um sich mit der Natur zu verbinden und sie kennenzulernen. Ruhig dasitzend an einen Baum gelehnt, gewöhnen sich die Tiere schnell an dich und kommen ganz nah. Du hast Zeit, dir die Pflanzen anzuschauen, die um dich herum wachsen, das Wetter zu beobachten, den Geräuschen zu lauschen – und auf einmal passiert ganz viel in dir und um dich herum, obwohl du eigentlich gar nichts machst.

Wage dich also immer wieder mal zu unterschiedlichen Tages- und Jahreszeiten auf deinen Lieblingsplatz im Wald und sei offen für das, was kommt.

Während unserer Entdeckungsreise sind wir den unterschiedlichsten Bewohnern aus Wald und Wiese begegnet. Wir haben ihre faszinierenden Lebensweisen, besonderen Vorlieben, ihre unglaublichen Fähigkeiten und ihre individuellen Herausforderungen kennengelernt. Wir haben eine Idee davon bekommen, wie alles mit allem zusammenhängt und welche Rolle wir Menschen in diesem feinen Netzwerk spielen. Und doch war es nur ein kleiner Ausschnitt von all den wunderbaren, geheimnisvollen, rätselhaften, unwirklichen und unergründlichen Dingen, die im Wald darauf warten, von uns entdeckt zu werden. Unsere Verbindung zu diesem unvergleichlichen Ökosystem wieder zu spüren und zu stärken sowie unseren Platz im Netzwerk der Natur zu finden, sind unsere Herzensangelegenheiten, die wir mit diesem Buch ein Stückchen mehr verwirklichen wollen. Vielleicht konnten wir dir beim Lesen dieser Zeilen das eine oder andere »Aha« entlocken und dir Anregungen für deine persönlichen Erkundungen, Abenteuer und Walderlebnisse geben.

Das Buch »Waldgeheimnisse« soll wie ein treuer Freund für dich sein, der dir vor, während und nach deiner Draußenzeit mit Rat und Tat zur Seite steht und dich immer wieder inspiriert, in die Welt vor deiner Haustür einzutauchen. Und wenn dir das irgendwann nicht mehr reicht oder du Lust verspürst, das Team der Waldakademie einmal persönlich kennenzulernen, so bist du herzlich eingeladen, uns in der Eifel besuchen zu kommen.

Denn genau das machen wir am liebsten: den Wald erkunden und seinen Geheimnissen und Wundern nachgehen. Neben unseren Erlebnis-Events für Kinder und für Erwachsene, wie zum Beispiel einer Ausbildung zum Juniorförster oder zur Juniorförsterin, Survival-Wochenenden, Wanderungen oder Team-Expeditionen, bieten wir auch Fortbildungsseminare an. Du hast die Möglichkeit, dich zum Waldführer oder zur Waldführerin ausbilden zu lassen, um anschließend noch mehr Menschen die Faszination Wald näherzubringen und mit großer Freude und Begeisterung diese für den Wald zu sensibilisieren.

Natürlich liegt uns auch die ökologische Waldwirtschaft am Herzen: So bieten wir hier mehrtägige Seminare oder sogar persönliche, individuelle Beratungen (vor Ort) an. Mit unserem Waldschutzprojekt, dem UrwaldProjekt, sorgen wir dafür, dass (leider so selten gewordene) alte Laubwälder für ein halbes Jahrhundert unter Schutz gestellt werden. Du bist herzlich eingeladen, dir die erste, etwa 80 Hektar große Projektfläche in Wershofen bei einer wunderschönen Wanderung vor Ort anzuschauen. Und wenn dir mal nicht zum Wandern oder Lernen zumute ist, dann lass dich bei einer veganen Köstlichkeit in unserem Café »Blattwerk« verwöhnen.

Ist dir der Weg in die Eifel zu lang? Dann findest du übersichtlich und unterhaltsam aufbereitetes Waldwissen auf unserem Instagram-Account (@waldakademie), unserem YouTube-Channel (Wohllebens Waldakademie) oder auf unserer Online-Kurs-Plattform www.wald-lernen.de

Egal, welchen Weg du wählst, wir freuen uns über jeden Besuch, jede Nachricht, Frage, Mail, über jeden Kommentar und natürlich auch ein Like. Gemeinsam für den Wald!

#wirliebendenwald

Antworten auf die Quizfragen

Seite 49
Wie weit können Pappelsamen fliegen?
Antwort: 50 Kilometer

Seite 74
Wie viel Meter Pilzfäden befinden sich in einem Quadratzentimeter Waldboden?
Antwort: c) über 1000 Meter

Seite 74
Wie schnell läuft die Informationsweiterleitung durch das Wood Wide Web?
Antwort: a) 1 Zentimeter pro Sekunde

Seite 74
Wie viel Zucker müssen Bäume für die Dienstleistungen der Pilze im Schnitt bezahlen?
Antwort: c) $^{1}/_{3}$ der jährlichen Produktion

Seite 234
Holzverbrauch Tortendiagramm
Antwort: So sieht die Verteilung aus: (Stand 2018)
Energetisch: 51 %
Papier: 5 %
Stofflich: 44%

Seite 247
Wie viel Fläche benötigt welches Nahrungsmittel zur Erzeugung von 1000 Kilokalorien?
Antwort:
c) 12,5 m^2
b) 5,5 m^2
a) 1,2 m^2
a) 0,2 m^2

Endnoten

1 Wohlleben, Peter: Das geheime Leben der Bäume, München, Ludwig, 2015.

2 Obermayer, Walter/Anton Drescher: Anmerkungen zum Auftreten von Kragenkiefern (Schindelkiefern, Schuppenschürzenkiefern) am Stadtrand von Graz, in: Fritschiana, Nr. 97, 2021, S. 35–53.

3 Zweifel, Roman/Frank J. Sterck/Sabine Braun/Nina Buchmann/Werner Eugster/Arthur Gessler/Matthias Häni/Richard L. Peters/Lorenz Walthert/Micah Wilhelm/Kasia Ziemińska/Sophia Etzold: Why trees grow at night, in: New Phytologist, Wiley-Blackwell, Bd. 231, Nr. 6, 07.07.2021, [online] doi: 10.1111/nph.17552, S. 2174–2185.

4 Kutschera, L./E. Lichtenegger: Wurzelatlas mitteleuropäischer Waldbäume und Sträucher, 2. Aufl., Graz, Leopold Stocker Verlag, 2013.

5 Lange, Michael: Das botanische »Gehirn« sitzt in der Wurzel, [Radiosendung] Deutsche Welle, in: dw.com, 09.05.2009, [online] https://www.dw.com/de/das-botanische-gehirn-sitzt-in-der-wurzel/a-4237294#-1 (abgerufen am 17.08.2023).

6 vgl. Müller, Jürgen: Wasser – das »blaue Gold« des Waldes, Thünen-Institut, 2011.

7 Eisenbarth, E.; Wilhelm, G. J. und Berens, A. (2001): Buchen-Komplexkrankheit in der Eifel und den angrenzenden Regionen. AFZ-DerWald 56 (23): 1212–1217.

8 Roden, John S.: Modeling the light interception and carbon gain of individual fluttering aspen (Populus tremuloides Michx) leaves, Springer Science+Business Media, Bd. 17, 01.03.2003, [online] doi: 10.1007/s00468-002-0213-3.

9 Karels, Tim J./Rudy Boonstra: Reducing solar heat gain during winter: The role of white bark in northern deciduous trees, in: Arctic, Arctic Institute of North America, Bd. 56, Nr. 2, 01.01.2003, [online] doi: 10.14430/arctic612.

10 Ireland, Hamish/Graeme D. Ruxton: White bark in birch species as a warning signal for bark-stripping mammals, in: Plant Ecology & Diversity, Taylor & Francis, Bd. 15, Nr. 3–4, 13.06.2022, [online] doi: 10.1080/17550874.2022.2122754, S. 93–109.

11 Geburtenkontrolle unterm Walnussbaum – Scinexx.de: in: scinexx | Das Wissensmagazin, 06.06.2002, [online] https://www.scinexx.de/dossierartikel/geburtenkontrolle-unterm-walnussbaum/ (abgerufen am 17.08.2023).

12 Mutke, Jens/Dietmar Quandt: Der Deutsche Wald: Seine Geschichte, seine Ökologie, in: Forschung & Lehre, Nr. 8/18, 2018, S. 650–652.

13 Phytohormone: die Signalgeber des Pflanzenreichs, in: Pflanzenforschung.de, 20.06.2011, [online] https://www.pflanzenforschung.de/de/pflanzenwissen/journal/phytohormone-die-signalgeber-des-pflanzenreichs-1366#-1 (abgerufen am 17.08.2023).

14 Allen, Scott T./James W. Kirchner/Sabine Braun/Rolf Siegwolf/Gregory R. Goldsmith: Seasonal origins of soil water used by trees, in: Hydrology and Earth System Sciences, Copernicus Publications, Bd. 23, Nr. 2, 01.03.2019b, [online] doi: 10.5194/hess-23-1199-2019, S. 1199–1210.

15 Bose, Arun K./Barbara Moser/Andreas Rigling/Marco M. Lehmann/Alexandru Milcu/Martina Peter/Christian Rellstab/Thomas Wohlgemuth/Arthur Gessler: Memory of environmental conditions across generations affects the acclimation potential of scots pine, in: Plant Cell and Environment, Wiley-Blackwell, Bd. 43, Nr. 5, 12.02.2020, [online] doi: 10.1111/pce.13729, S. 1288–1299.

16 Barnim-Atlas – Lebensraum im Wandel: eine ökosystembasierte Betrachtung des Barnims zum Wohle der Menschen, Pierre L. Ibisch, Judith Kloiber, Monika T. Hoffmann, Schwedt/Oder, Ehm Welk, 2022
17 Schwaab, Jonas/R. Meier/Gianluca Mussetti/Sonia I. Seneviratne/Christine Bürgi/Edouard L. Davin: The role of urban trees in reducing land surface temperatures in European cities, in: Nature Communications, Nature Portfolio, Bd. 12, Nr. 1, 23.11.2021, [online] doi: 10.1038/s41467-021-26768-w.
18 vgl. Zellweger et al., 2020. Forest microclimate dynamics drive plant responses to warming, in: Science, American Association for the Advancement of Science, Bd. 368, Nr. 6492, 15.05.2020, [online] doi: 10.1126/science.aba6880.
19 Windkraft im Wald: Ergibt das Sinn?, in: Windkraft im Wald: Ergibt das Sinn? [Fernsehsendung] ZDF heute, 17.08.2023, [online] https://www.zdf.de/nachrichten/panorama/windkraft-wald-naturschutz-100.html (abgerufen am 17.08.2023).
20 https://www.spektrum.de/magazin/wipfel-als-windfabrik/1795025
21 Thünen-Institut: Kohlenstoffinventur 2017 – eine Zwischenschau: 10.12.2019, [online] https://www.thuenen.de/de/themenfelder/waelder/die-bundeswaldinventur/kohlenstoffinventur-2017-eine-zwischenschau#:~:text=Wichtige%20Ergebnisse%20in%20Stichpunkten%3A&text=Die%20h%C3%A4ufigsten%20Baumarten%20sind%20Fichte,117%2C4%20Mio (abgerufen am 23.08.2023).
22 https://www.bfn.de/publikationen/bfn-schriften/bfn-schriften-233-beech-forests-german-contribution-global-forest
23 https://nph.onlinelibrary.wiley.com/doi/full/10.1111/nph.14325
24 Piovesan, Gianluca/Franco Biondi/Michele Baliva/Giuseppe De Vivo/Vittoria Marchianò/Aldo Schettino/Alfredo Di Filippo: Lessons from the Wild: Slow but increasing long-term growth allows for maximum longevity in European beech, in: Ecology, Wiley-Blackwell, Bd. 100, Nr. 9, 28.05.2019, [online] doi: 10.1002/ecy.2737.
25 Ohse, Bettina/Almuth Hammerbacher/Carolin Seele/Stefan Meldau/Michael Reichelt/Sylvia Ortmann/Christian Wirth: Salivary cues: Simulated roe deer browsing induces systemic changes in phytohormones and defence chemistry in wild-grown maple and beech saplings, in: Functional Ecology, Wiley-Blackwell, Bd. 31, Nr. 2, 08.08.2016, [online] doi: 10.1111/1365-2435.12717, S. 340–349.
26 Rhoades, David F.: Responses of alder and willow to attack by tent caterpillars and webworms: Evidence for pheromonal sensitivity of willows, in: Acs Symposium Series, 20.01.1983, [online] doi: 10.1021/bk-1983-0208.ch004, S. 55–68.
27 Simard, Suzanne W./David A. Perry/Melanie D. Jones/David D. Myrold/Daniel M. Durall/Randy Molina: Net transfer of carbon between ectomycorrhizal tree species in the field, in: Nature, Nature Portfolio, Bd. 388, Nr. 6642, 01.08.1997, [online] doi: 10.1038/41557, S. 579–582.
28 Behie, Scott W./Israel Enrique Padilla Guerrero/Michael Bidochka: Nutrient transfer to plants by phylogenetically diverse fungi suggests convergent evolutionary strategies in rhizospheric symbionts, in: Communicative & Integrative Biology, Taylor & Francis, Bd. 6, Nr. 1, 01.01.2013, [online] doi: 10.4161/cib.22321, S. e22321.
29 Simard, Suzanne W./Melanie D. Jones/Daniel M. Durall/David A. Perry/David D. Myrold/Randy Molina: Reciprocal transfer of carbon isotopes between ectomycorrhizal Betula papyrifera and Pseudotsuga menziesii, in: New Phytologist, Wiley-Blackwell, Bd. 137, Nr. 3, 01.11.1997a, [online] doi: 10.1046/j.1469-8137.1997.00834.x, S. 529–542.

30 Adamatzky, Andrew: Language of fungi derived from their electrical spiking activity, in: Royal Society Open Science, Royal Society, Bd. 9, Nr. 4, 01.04.2022, [online] doi: 10.1098/rsos.211926.

31 Volf, Martin/Tereza Volfová/Carlo L. Seifert/Antonia Ludwig/Rolf A. Engelmann/Leonardo Ré Jorge/Ronny Richter/Andreas Schedl/Alexander Weinhold/Christian Wirth/Nicole M. Van Dam: A mosaic of induced and non-induced branches promotes variation in leaf traits, predation and insect herbivore assemblages in canopy trees, in: Ecology Letters, Wiley-Blackwell, Bd. 25, Nr. 4, 27.12.2021, [online] doi: 10.1111/ele.13943, S. 729–739.

32 Hararuk, Oleksandra/Werner A. Kurz/Markus Didion: Dynamics of dead wood decay in Swiss forests, in: Forest Ecosystems, Springer Science+Business Media, Bd. 7, Nr. 1, 09.06.2020, [online] doi: 10.1186/s40663-020-00248-x.

33 Puttonen, Eetu/Christian Briese/Gottfried Mandlburger/Martin Wieser/Martin Pfennigbauer/András Zlinszky/Norbert Pfeifer: Quantification of overnight movement of birch (Betula pendula) branches and foliage with short interval terrestrial laser scanning, in: Frontiers in Plant Science, Frontiers Media, Bd. 7, 29.02.2016b, [online] doi: 10.3389/fpls.2016.00222.

34 Hölker, Franz/Janine Bolliger/Thomas W. Davies/Simone Giavi/Andreas Jechow/Gregor Kalinkat/Travis Longcore/Kamiel Spoelstra/Svenja Tidau/Marcel E. Visser/Eva Knop: 11 Pressing research questions on how light pollution affects biodiversity, in: Frontiers in Ecology and Evolution, Frontiers Media, Bd. 9, 08.12.2021, [online] doi: 10.3389/fevo.2021.767177.

35 Koperski, Monika/Michael Sauer/Walther Braun/Rob Gradsetin: Referenzliste der Moose Deutschlands: Dokumentation unterschiedlicher taxonomischer Auffassungen, in: Bundesamt für Naturschutz, Schriftenreihe für Vegetationskunde, Nr. 34, Münster, Landwirtschaftsverlag, 2000.

36 Fischer, Matthias: Ohne Moos nix los, in: Naturwald Akademie, 29.04.2020, [online] https://naturwald-akademie.org/waldwissen/waldtiere-und-pflanzen/ohne-moos-nix-los/ (abgerufen am 23.08.2023).

37 Anthony, Mark/Sophia Bender/Marcel G. A. Van Der Heijden: Enumerating soil biodiversity, in: Proceedings of the National Academy of Sciences of the United States of America, National Academy of Sciences, Bd. 120, Nr. 33, 07.08.2023, [online] doi: 10.1073/pnas.2304663120.

38 Pross, Jörg/Lineth Contreras/Peter K. Bijl/David R. Greenwood/Steven M Bohaty/Stefan Schouten/James Bendle/Ursula Röhl/Lisa Tauxe/J. Ian Raine/Claire E Huck/Tina Van De Flierdt/Stewart S. R. Jamieson/Catherine E Stickley/Bas Van De Schootbrugge/Carlota Escutia/Henk Brinkhuis: Persistent near-tropical warmth on the Antarctic continent during the early Eocene epoch, in: Nature, Nature Portfolio, Bd. 488, Nr. 7409, 01.08.2012, [online] doi: 10.1038/nature11300, S. 73–77.

39 Ganopolski, Andrey/Ricarda Winkelmann/Hans Joachim Schellnhuber: Critical Insolation-CO_2 relation for diagnosing past and future glacial inception, in: Nature, Nature Portfolio, Bd. 529, Nr. 7585, 13.01.2016, [online] doi: 10.1038/nature16494, S. 200–203.

40 Ellenberg, Heinz/Christoph Leuschner: Vegetation Mitteleuropas mit den Alpen: in ökologischer, dynamischer und historischer Sicht, Stuttgart, UTB, 15.09.2010.

41 Bodenübersichtskarte Deutschland: Bundesanstalt für Geowissenschaften und Rohstoffe, Hannover. [online] https://www.bgr.bund.de/DE/Themen/Boden/Informationsgrundlagen/Bodenkundliche_Karten_Daten-

banken/bodenkundliche_karten_datenbanken_node.html (abgerufen am 17.01.2014).
42 Mora, Camilo/Derek P. Tittensor/Sina M. Adl/Alastair G. B. Simpson/Boris Worm: How many species are there on Earth and in the ocean?, in: PLOS Biology, Public Library of Science, Bd. 9, Nr. 8, 23.08.2011, [online] doi: 10.1371/journal.pbio.1001127, S. e1001127.
43 Schrader, Christopher: Global Worming, in: Spektrum.de, 25.08.2017, [online] https://www.spektrum.de/news/regenwuermer-als-invasive-art-in-nordamerika/1494459 (abgerufen am 23.08.2023).
44 Vogel, Gretchen: Where have all the insects gone?, in: AAAS Articles DO Group, 01.06.2021b, [online] doi: 10.1126/science.aal1160.
45 Brühl, Carsten A./Nikita Bakanov/Sebastian Köthe/Lisa Eichler/Martin Sorg/Thomas Hörren/Roland Mühlethaler/Gotthard Meinel/Gerlind U. C. Lehmann: Direct pesticide exposure of insects in nature conservation areas in Germany, in: Scientific Reports, Nature Portfolio, Bd. 11, Nr. 1, 16.12.2021, [online] doi: 10.1038/s41598-021-03366-w.
46 Gernandt, Peter: Diercke spezial: Bodenkunde in der Geographie, Braunschweig, Westermann, 2007
47 Lange, Benjamin/Peter Germann/Peter Lüscher: Einfluss der Wurzeln auf das Wasserspeichervermögen hydromorpher Waldböden | Significance of roots for soil water storage capacity of hydromorphic forest Soils, in: Schweizerische Zeitschrift für Forstwesen, Swiss Forestry Society, 01.12.2010, [online] doi: 10.3188/szf.2010.0510.
48 https://www.umwelt.nrw.de/fileadmin/redaktion/Broschueren/boden verdichtung_broschuere.pdf
49 Kurzinformationen zum Wolf – DBBW: o. D., [online] https://www.dbb-wolf.de/Wolf_Steckbrief (abgerufen am 23.08.2023).
50 Karte der Territorien – DBBW: o. D., [online] https://www.dbb-wolf.de/Wolfsvorkommen/territorien/karte-der-territorien (abgerufen am 23.08.2023).
51 Kramer-Schadt, Stephanie/Moritz Wenzler/Pierre Gras/Felix Knauer: Habitatmodellierung und Abschätzung der potenziellen Anzahl von Wolfsterritorien in Deutschland, BFN-Schriften 556, 01.01.2020.
52 Piovesan, Gianluca/Franco Biondi/Michele Baliva/Giuseppe De Vivo/Vittoria Marchianò/Aldo Schettino/Alfredo Di Filippo: Lessons from the Wild: Slow but increasing long-term growth allows for maximum longevity in European beech, in: Ecology, Wiley-Blackwell, Bd. 100, Nr. 9, 28.05.2019, [online] doi: 10.1002/ecy.2737.
53 Smith, A. F./Simone Ciuti/Dmitry Shamovich/Viktar Fenchuk/Barbara Zimmermann/Marco Heurich: Quiet islands in a world of fear: wolves seek core zones of protected areas to escape human disturbance, in: Biological Conservation, Elsevier BV, Bd. 276, 01.12.2022, [online] doi: 10.1016/j.biocon.2022.109811, S. 109811.
54 Durchschnittliche Anzahl von Todesfällen durch Hundebisse nach Bundesländern 2009–2019 | Statista: in: Statista, 18.08.2022, [online] https://de.statista.com/statistik/daten/studie/157643/umfrage/todesfaelle-durch-hundebisse-nach-bundeslaendern/#:~:text=Jedes%20Jahr%20sterben%20deutschlandweit%20im,am%20h%C3%A4ufigsten%20zu%20t%C3%B6dlichen%20Hundebissen. (abgerufen am 23.08.2023).
55 Portrait des europäischen Grauwolfes – DBBW: o. D., [online] https://www.dbb-wolf.de/Wolf_Steckbrief/portrait (abgerufen am 23.08.2023).
56 Shephard, Toni/Stephen E. G. Lea/Natalie Hempel De Ibarra: ›The Thieving Magpie‹? No evidence for attraction to shiny objects, in: Animal

Cognition, Springer Science+Business Media, Bd. 18, Nr. 1, 15.08.2014, [online] doi: 10.1007/s10071-014-0794-4, S. 393–397.
57 vgl. NABU: Kolkrabe, https://www.nabu.de/tiere-und-pflanzen/voegel/portraets/kolkrabe/ (abgerufen am 17.08.2023).
58 vgl. W wie Wissen, [Fernsehsendung] ARD, in: programm.ARD.de, 08.12.2013, https://programm.ard.de/TV/Programm/Alle-Sender/?sendung=2810611100320888. (Abgerufen am 17.08.2023)
59 Cerutti, Herbert: Clevere Jagdgefährten | NZZ, in: Neue Zürcher Zeitung, 04.05.2021, [online] https://www.nzz.ch/folio/clevere-jagdgefahrten-ld.1618569#-1. (Abgerufen am 17.08.2023)
60 vgl. Boeckle, Markus/Georgine Szipl/Thomas Bugnyar: Raven food calls indicate sender's age and sex, in: Frontiers in Zoology, BioMed Central, Bd. 15, Nr. 1, 13.03.2018b, doi: 10.1186/s12983-018-0255-z.
61 Van Wassenbergh, Sam/Erica J. Ortlieb/Maja Mielke/Christine Böhmer/Robert E. Shadwick/Anick Abourachid: Woodpeckers minimize cranial absorption of shocks, in: Current Biology, Elsevier BV, Bd. 32, Nr. 14, 01.07.2022, [online] doi: 10.1016/j.cub.2022.05.052, S. 3189–3194.e4.
62 vgl. Ruge, Klaus: Ringeln – überflüssiger Zeitvertreib oder Nahrungssuche?, in: Ornithologische Mitteilungen, Jahrgang 71, Nr. Nr. 11/12, 2019.
63 Neue Studie zum Fuchsbandwurm: in: Landesjagdverband, 10.08.2023b, [online] https://www.landesjagdverband.de/detail/artikel/neue-studie-zum-fuchsbandwurm/a/detail/c/News/ (abgerufen am 24.08.2023).
64 vgl. Infektion mit dem Fuchsbandwurm – wie groß ist das Risiko? in: DER SPIEGEL, 21.08.2018, https://www.spiegel.de/gesundheit/diagnose/gefaehrliche-fuchsbandwurm-menschen-infizieren-sich-nur-selten-a-1224172.html (abgerufen am 17.08.2023).
65 vgl. Richter, Pisa Joachim/Martha C. Holtfreter/Arzu Orhun/Irmela Müller-Stöver/Ralf Kubitz/Andreas Hillenbrand/Wolfgang Kratzer/T Gräter/Beate Grüner: Echinokokkose-Erkrankungen, in: MMW – Fortschritte der Medizin, Springer Science+Business Media, Bd. 157, Nr. 12, 01.06.2015, doi: 10.1007/s15006-015-2727-9.
66 White, J.F./Felipe Yamashita: Boquila trifoliolata mimics leaves of an artificial plastic host plant, in: Plant Signaling & Behavior, Taylor & Francis, Bd. 17, Nr. 1, 21.09.2021, [online] doi: 10.1080/15592324.2021.1977530.
67 Etzold, Sophia/Frank J. Sterck/Arun K. Bose/Sabine Braun/Nina Buchmann/Werner Eugster/Arthur Gessler/Ansgar Kahmen/Richard L. Peters/Yann Vitasse/Lorenz Walthert/Kasia Zieminska/Roman Zweifel: Number of growth days and not length of the growth period determines radial stem growth of temperate trees, in: Ecology Letters, Wiley-Blackwell, Bd. 25, Nr. 2, 09.12.2021, [online] doi: 10.1111/ele.13933, S. 427–439.
68 Allen, Scott T./James W. Kirchner/Sabine Braun/Rolf Siegwolf/Gregory R. Goldsmith: Seasonal origins of soil water used by trees, in: Hydrology and Earth System Sciences, Copernicus Publications, Bd. 23, Nr. 2, 01.03.2019c, [online] doi: 10.5194/hess-23-1199-2019, S. 1199–1210.
69 Döring, Thomas: How aphids find their host plants, and how they don't, in: Annals of Applied Biology, Wiley-Blackwell, Bd. 165, Nr. 1, 16.06.2014, [online] doi: 10.1111/aab.12142, S. 3–26.
70 Öko-Institut E.V. (oeko.de), o. D., [online] https://www.oeko.de/publikationen/p-details/literaturstudie-zum-thema-wasserhaushalt-und-forstwirtschaft.
71 Müller, Jürgen: Wasser – das »blaue Gold« des Waldes, in: ForschungsReport, Nr. 01/2011, 2011a.
72 Kandasamy, D/Rashaduz Zaman/Yoko Nakamura/Tao Zhao/Henrik Hart-

mann/Martin Andersson/Almuth Hammerbacher/Jonathan Gershenzon: Conifer-killing bark beetles locate fungal symbionts by detecting volatile fungal metabolites of host tree resin monoterpenes, in: PLOS Biology, Public Library of Science, Bd. 21, Nr. 2, 21.02.2023, [online] doi: 10.1371/journal.pbio.3001887, S. e3001887.

73 Forststrukturerhebung 2022: 43 % des deutschen Waldes in Privatbesitz: in: Statistisches Bundesamt, o. D., [online] https://www.destatis.de/DE/Presse/Pressemitteilungen/2022/09/PD22_415_41161.html (abgerufen am 24.08.2023).

74 https://www.bundesbuergerinitiative-waldschutz.de

75 Denning, Scott: Amazon fires are destructive, but they aren't depleting Earth's oxygen supply, in: The Conversation, 26.08.2019, [online] https://theconversation.com/amazon-fires-are-destructive-but-they-arent-depleting-earths-oxygen-supply-122369.

76 https://www.wohllebens-waldakademie.de/urwaldprojekt#jw

77 Swiss Life-BU-Report: Anstieg um 40 Prozent. Immer mehr Menschen werden wegen psychischer Erkrankungen berufsunfähig: in: Versicherungen und Finanzberatung, 14.11.2022, [online] https://www.swisslife.de/ueber-swiss-life/medienportal/news/2019/19-04-24-bu-report.html.

78 https://www.zeit.de/gesellschaft/zeitgeschehen/2022-06/psychische-gesundheit-corona-who?utm_referrer=https%3A%2F%2Fwww.google.com%2F (abgerufen am 24.08.2023).

79 Li, Qing: Effects of forest environment (Shinrin-yoku/Forest bathing) on health promotion and disease prevention – the establishment of »Forest medicine«, in: Environmental Health and Preventive Medicine, Springer Science+Business Media, Bd. 27, Nr. 0, 01.01.2022, [online] doi: 10.1265/ehpm.22-00160, S. 43.

80 Li, Qing: Die heilsame Kraft des Waldes: Wie die Natur Körper und Geist stärkt, Hamburg, Rowohlt, 2018.

81 Dadvand, Payam/Mark Nieuwenhuijsen/Mikel Esnaola/Joan Forns/Xavier Basagaña/Mar Alvarez-Pedrerol/Ioar Rivas/Mónica López-Vicente/Montserrat De Castro Pascual/Jason Su/Michael Jerrett/Xavier Querol/Jordi Sunyer: Green spaces and cognitive development in primary schoolchildren, in: Proceedings of the National Academy of Sciences of the United States of America, National Academy of Sciences, Bd. 112, Nr. 26, 15.06.2015, [online] doi: 10.1073/pnas.1503402112, S. 7937–7942.

82 Waldspaziergang senkt Stresshormone: in: Die Techniker, 20.09.2021, [online] https://www.tk.de/techniker/gesundheit-und-medizin/behandlungen-und-medizin/herz-kreislauf-erkrankungen/koronare-herzkrankheit/tk-plus-bei-khk/dmp-news/waldspaziergang-senkt-stresshormone-2114380?tkcm=aaus (abgerufen am 24.08.2023).

83 Kyrill – Waldzerstörer oder belebendes Naturereignis? in: Unser Wilder Wald – Informationsblatt Nationalpark Bayerischer Wald, Nr. 21, 30.06.2007, [online] https://www.nationalpark-bayerischer-wald.bayern.de/service/downloads/doc/uww/uww_21_ba.pdf#-1.

84 Weidemann, Michael/Vera Wolfskämpf: Waldzustandsbericht: Nur jeder fünfte Baum ist gesund, ARD, in: tagesschau.de, 21.03.2023, [online] https://www.tagesschau.de/inland/innenpolitik/waldzustandsbericht-101.html (abgerufen am 24.08.2023).

85 Impex Hannibal T50 Harvester | Das Ernte-Kraftpaket: in: Impex Forstmaschinen GmbH, o. D., [online] https://impex-forstmaschinen.de/de/forstmaschinen/hannibal-t50-harvester (abgerufen am 24.08.2023).

86 Fakultät Agrarwissenschaften & Landschaftsarchitektur Hochschule

Osnabrück: Bodenschadverdichtung – Vermeidung, Regeneration, Überwachung, in: Diskussionsforum Bodenwissenschaften, Nr. 12, 2012.
87 Guidi, Claudia/Beat Frey/Ivano Brunner/Katrin Meusburger/Michael E. Vogel/Xiaomei Chen/Tobias Stucky/Dariusz J. Gwiazdowicz/Piotr Skubała/Arun K. Bose/Marcus Schaub/Andreas Rigling/Frank Hagedorn: Soil fauna drives vertical redistribution of soil organic carbon in a long-term irrigated dry pine forest, in: Global Change Biology, Wiley-Blackwell, Bd. 28, Nr. 9, 21.02.2022, [online] doi: 10.1111/gcb.16122, S. 3145–3160.
88 Wetter und Klima – Deutscher Wetterdienst – Aktuelles – Klimatologischer Rückblick auf 2022: 19.01.2023, [online] https://www.dwd.de/DE/klimaumwelt/aktuelle_meldungen/230123/artikel_jahresrueckblick-2022.html#:~:text=Global%20waren%20die%20vergangenen%20acht,Deutschland%20von%201%2C7%20Grad. (abgerufen am 24.08.2023).
89 vgl. Klima, Helmholtz: Um wie viel Grad hat sich Deutschland bereits erwärmt?, in: Helmholtz-Klima-Initiative, 26.01.2021, https://www.helmholtz-klima.de/faq/um-wie-viel-grad-hat-sich-deutschland-bereits-erwaermt.
90 vgl. Rantanen, Mika/Alexey Yu. Karpechko/Antti Lipponen/Kalle Nordling/Otto Hyvärinen/Kimmo Ruosteenoja/Timo Vihma/A. Laaksonen: The Arctic has warmed nearly four times faster than the globe since 1979, in: Communications earth & environment, Springer Nature, Bd. 3, Nr. 1, 11.08.2022, doi: 10.1038/s43247-022-00498-3.
91 https://climateactiontracker.org/
92 Thünen: Holzeinschlag und Rohholzverwendung: o. D., [online] https://www.thuenen.de/de/fachinstitute/waldwirtschaft/zahlen-fakten/holzeinschlag-und-rohholzverwendung (abgerufen am 01.11.2023).
93 Wilke, Sibylle: Nachhaltige Waldwirtschaft, in: Umweltbundesamt, o. D., [online] https://www.umweltbundesamt.de/daten/land-forstwirtschaft/nachhaltige-waldwirtschaft#holznutzung-nahe-am-zuwachs.
94 Skytt, Torbjörn/Göran Englund/Bengt Gunnar Jonsson: Climate mitigation Forestry—temporal trade-offs, in: Environmental Research Letters, IOP Publishing, Bd. 16, Nr. 11, 01.11.2021, [online] doi: 10.1088/1748-9326/ac30fa, S. 114037
95 Peng, Liqing/Timothy D. Searchinger/Jessica Zionts/Richard Waite: The carbon costs of global wood harvests, in: Nature, Nature Portfolio, Bd. 620, Nr. 7972, 05.07.2023, [online] doi: 10.1038/s41586-023-06187-1, S. 110–115.
96 https://literatur.thuenen.de/digbib_extern/dn048209.pdf
97 Vitalität der Douglasie ernsthaft gefährdet, o. D., [online] https://news.fnr.de/fnr-pressemitteilung/vitalitaet-der-douglasie-ernsthaft-gefaehrdet (abgerufen am 25.08.2023).
98 Stanek, Małgorzata/Szymon Zubek/Anna M. Stefanowicz: Differences in phenolics produced by invasive quercus rubra and native plant communities induced changes in soil microbial properties and enzymatic activity, in: Forest Ecology and Management, Elsevier BV, Bd. 482, 01.02.2021, [online] doi: 10.1016/j.foreco.2020.118901, S. 118901.
99 Rahmstorf, Stefan: Steht der Nordatlantik vor dem Kipppunkt?, in: DER SPIEGEL, Hamburg, 25.07.2023, [online] https://www.spiegel.de/wissenschaft/natur/klimakrise-steht-der-nordatlantik-vor-dem-kipppunkt-a-25864362-03d3-4907-8300-18e74fc9e8a0?sara_ref=re-xx-cp-sh (abgerufen am 25.08.2023).
100 Bundesamt für Naturschutz: Naturerbe Buchenwälder: Situationsanalyse und Handlungserfordernisse, in: BfN-Skripten 240, 2008.

101 Wulf, Alexandra: Alexander von Humboldt und die Erfindung der Natur, München, C. Bertelsmann, 2016

102 vgl. Lutz, James A./Tucker J. Furniss/Daniel J. Johnson/Stuart J. Davies/Andrew J. Kerkhoff/et al.: Global importance of large-diameter trees, in: Global Ecology and Biogeography, Wiley-Blackwell, Bd. 27, Nr. 7, 08.05.2018, doi: 10.1111/geb.12747.

103 vgl. Dean, Camin/J. B. Kirkpatrick/Rb Doyle/Jon Osborn/Nicholas B. Fitzgerald/Stephen H. Roxburgh: The overlooked soil carbon under large, old trees, in: Geoderma, Elsevier BV, Bd. 376, 01.10.2020, doi: 10.1016/j.geoderma.2020.114541.

104 vgl. Friggens, Nina L./Alison J. Hester/Ruth J. Mitchell/Thomas C. Parker/Jens-Arne Subke/Philip A. Wookey: Tree planting in organic soils does not result in net carbon sequestration on decadal timescales, in: Global Change Biology, Wiley-Blackwell, Bd. 26, Nr. 9, 14.07.2020, doi: 10.1111/gcb.15229.

105 vgl. Thünen-Institut: Holzbilanzen, o. D., https://www.thuenen.de/de/fachinstitute/waldwirtschaft/projekte-liste/holzbilanzen (abgerufen am 25.08.2023).

106 Beck-O'Brien, M., Egenolf, V., Winter, S., Zahnen, J., Griesshammer, N. (2022). Alles aus Holz – Rohstoff der Zukunft oder kommende Krise; Ansätze zu einer ausgewogenen Bioökonomie. WWF Deutschland.

107 vgl. Bundesministerium für Ernährung und Landwirtschaft: Waldbericht der Bundesregierung 2017: Kurzfassung, in: BMEL, 2017.

108 Thünen-Institut: Rohstoffmonitoring für Holz, o. D., [online] https://www.thuenen.de/de/themenfelder/nachwachsende-rohstoffe-und-holz/bio oekonomie/rohstoffmonitoring-holz (abgerufen am 25.08.2023).

109 BUNDESWALDINVENTUR ERGEBNISDATENBANK, o. D., [online] https://bwi.info/.

110 Charta für Holz 2.0: Warum eine Charta für Holz 2.0? in: Charta für Holz 2.0, o. D., [online] https://www.charta-fuer-holz.de/die-charta/warum-eine-charta-fuer-holz-20#:~:text=Ziel%20der%20Charta%20f%C3%BCr %20Holz,den%20verschiedenen%20Bereichen%20der%20Holzverwendung. (abgerufen am 25.08.2023).

111 vgl. Wilke, Sibylle: Energieverbrauch für fossile und erneuerbare Wärme, in: Umweltbundesamt, o. D., https://www.umweltbundesamt.de/daten/energie/energieverbrauch-fuer-fossile-erneuerbare-waerme (abgerufen am 30.08.2023).

112 vgl. Jahresbilanz 2022: Heizungsmarkt boomt, in: BDH – Bundesverband der Deutschen Heizungsindustrie, o. D., https://www.bdh-industrie.de/presse/pressemeldungen/artikel/jahresbilanz-2022-heizungsmarkt-boomt (abgerufen am 30.08.2023).

113 vgl. Hennenberg, Klaus/Hannes Böttcher/Sibylle Braungardt/Benjamin Köhler/Judith Reise/Susanne Köppen/Mascha Bischoff/Horst Fehrenbach/Martin Pehnt/Mandy Werle/Mantau Udo: Aktuelle Nutzung und Förderung der Holzenergie, in: Umweltbundesamt, 03.2022, https://www.umweltbundesamt.de/publikationen/aktuelle-nutzung-foerderung-der-holzenergie (abgerufen am 30.08.2023).

114 https://www.nul-online.de/urwaelder-natur-und-wirtschaftswaelder-im-kontext-von-biodiversitaets-und-klimaschutz,QUlEPTcwNDU5NzAmTU lEPTExMTE.html?UID=A554BAC7043D50B341851ADDC7C546069F8FA 627B5A610

115 vgl. Wilke, Sibylle: Emissionen und Emissionsminderung bei Kleinfeuerungsanlagen, in: Umweltbundesamt, o. D., https://www.umweltbundes

amt.de/daten/luft/emissionsminderung-bei-kleinfeuerungsanlagen#fein staub-emissionen-aus-kleinfeuerungsanlagen (abgerufen am 25.08.2023).

116 vgl. Frühwald, A., Pohlmann, C. und Wegener, G. (2001) Holz – Rohstoff der Zukunft nachhaltig verfügbar und umweltgerecht. Informationsdienst Holz, DGfH e.V. und HOLZABSATZFONDS, Holzbauhandbuch, Reihe 1 Teil 3 Folge 2, S. 32.

117 vgl. Schröder, Jens: Bauen mit Holz: Sollen wir unsere Wälder schützen – oder nutzen?, in: GEO Magazin, 22.06.2023.

118 Wenn Wälder wieder wachsen: in: Greenpeace, o. D., [online] https://www.greenpeace.de/publikationen/waelder-wachsen (abgerufen am 25.08.2023).

119 vgl. Umsetzung der Bundeswaldprämie: in: BMEL, 01.07.2021, https://www.bmel.de/SharedDocs/Meldungen/DE/Wald/bundeswaldpraemie.html (abgerufen am 25.08.2023).

120 https://www.wwf.de/fileadmin/fm-wwf/Publikationen-PDF/Landwirt schaft/kulinarische-kompass-klima.pdf

121 Waldbrandgefahrenindex des DWD, https://www.dwd.de/DE/leistungen/waldbrandgef/waldbrandgef.html, abgerufen am 23.05.2023.

122 England, Sam J./Katie Lihou/Daniel Robert: Static electricity passively attracts ticks onto hosts, in: Current Biology, Elsevier BV, Bd. 33, Nr. 14, 01.07.2023, [online] doi: 10.1016/j.cub.2023.06.021, S. 3041–3047.e4.

Bildnachweis

Alle Bilder stammen von **Wohllebens Waldakademie**, mit Ausnahme von:

Bundesanstalt für Geowissenschaften und Rohstoffe, Hannover: 96/97;

Depositphotos: 32 (wirestock_creatures);

Deutscher Wetterdienst: 213, 217 (https://www.dwd.de/DE/leistungen/zeitreihen/zeitreihen.html?nn=480164);

iStockphoto: 52 li. (RobsonPL);

Kutschera, L.; E. Lichtenegger: 30/31 (Kutschera, L.; Lichtenegger, E., Zeichnung von E. Lichtenegger aus Wurzelatlas mitteleuropäischer Waldbäume und Sträucher. – Graz, Stuttgart: Leopold Stocker Verlag, 2002 (3. Aufl. 2013). – 604 p.);

Martina Eisele: 2, 234 (Martina Eisele), 95 (Quelle: https://www.hamburgwasser.de/lernbausteine/data/schwammstadt2/index.html), 205 (Shutterstock/Cara Kate), 215 (Quelle: The CAT Thermometer | Climate Action Tracker);

Mascha Greune: 24/25 (Shutterstock / BlueRingMedia), 35 o. (Shutterstock/Vecton), 36 (Adobe Stock/blueringmedia), 37 (Adobe Stock blueringmedia), 38 (istockphoto/Aldona), 109 (Quell: https://www.bmel.de/DE/themen/landwirtschaft/pflanzenbau/bodenschutz/humus-1-was-ist-das.html), 145, 146, 147, 151, 153, 155 o., 155 u., 160, 161, 162, 163, 168;

Mauritius Images: 50 (Patrick Guenette / Alamy / Alamy Stock Photos), 52re. (Blickwinkel_Alamy/Alamy Stock Photos), 76/77 (Pitopia / Fotofiber), 86/87 (Michael Weber/imageBROKER), 89 (Юлия Давиденко/Alamy/Alamy Stock Photos), 90 Kasten (Iulliia Neustroeva/Alamy/Alamy Stock Photos), 100 (Science Source/Michael Abbey), 101 (Nature in Stock/Chris Ruijter), 120 (David & Micha Sheldon), 124 (age fotostock/Mats Lindberg), 127 (Bernd Römmelt), 135 (Frank Blackburn/Alamy / Alamy Stock Photos), 197 (Christoph Jorda), 226/227 (Bernd Schunack) 231 li. (Memento), 231 re. (Science Source/Wellcome Images), 274 (Rdonar/Alamy/Alamy Stock Photos), 301 (Cavan Images), 303 (Westend61/Vasily Pindyurin);

Peter Wohlleben: 209;

Shutterstock.com: 1, 11, 190, 247 (Ermak Oksana), 114/115 (Eric Isselee), 114 li., 114 m.li., 114 m.re. (Wirestock Creators), 136/137 (Olga Korneeva), 165 (Wut_Moppie), 166 (Manfred Ruckszio), 175 (Vaclav Volrab), 239 (Natalia Leinonen), 280 (Scisetti Alfio), 281 o. (anmbph), 281 u. (Scisetti Alfio), 282 (Julia Sudnitskaya), 293 (Giedriius), 294 (Jess Lang), 295 (dugdax), 296 (Nikolay Zaborskikh), 297 o. (Shairaa), 297 u. (Petr Bonek), 300 (Ground Picture);

Wikimedia Commons: 23 (Simon Mannweiler/Wikimedia Commons/CC BY-SA 4.0 (https://commons.wikimedia.org/wiki/File:Ringelbaum_(Kirkel)_2017-001.jpg), https://creativecommons.org/licenses/by-sa/4.0/legalcode); 261 (anonym (https://commons.wikimedia.org/wiki/File:Fire-making_with_simple_two-stick_apparatus_of_the_Hapas_Wellcome_M0005569.jpg), https://creativecommons.org/licenses/by/4.0/legalcode);

Wohllebens Waldakademie/Ramon Haindl: 16/17, 102, 198/199, 203, 243, 258, 259, 264/265 (Ramon Haindl).

Impressum

Mit diesem Buch wird das UrwaldProjekt von Wohllebens Waldakademie in der Eifel unterstützt. Von Natur aus wäre Deutschland zu über 90 Prozent von Wald bedeckt, der größte Teil davon Buchen- oder Buche/Eichen-Mischwälder.
Alte Buchenwälder sind die Regenwälder Europas, und ähnlich wie in den Tropen ist es auch um sie sehr schlecht bestellt. Buchenwälder ab Alter 180 haben nur noch einen Anteil von 0,16 Prozent an der Landfläche. Die alten Laubwälder des UrwaldProjekts werden konsequent geschützt und für kommende Generationen erhalten.
In den Wald-Schutzgebieten des UrwaldProjekts wird auf natürliche Weise CO_2 in alten Wäldern gespeichert und somit das Klima entlastet. Gleichzeitig übernimmt das Projekt auch eine wichtige Rolle im Erhalt der Biodiversität.

WALDRETTER – WIR SCHÜTZEN WALD

MEHR INFOS ÜBER UNSER ENGAGEMENT
wohllebens-waldakademie.de/ludwig-verlag

Durch das Einscannen dieses QR-Codes gelangen Sie auf die Website von Wohllebens Waldakademie und können die alten Laubwälder, die Sie mit dem Kauf dieses Buches schützen helfen, live erleben und sogar vor Ort besuchen.

Alle Aussagen und Informationen zu giftigen Wildkräutern wurden gründlich geprüft. Sollten Sie sich nicht sicher sein, dass es sich tatsächlich um die im Buch beschriebene, essbare Pflanze handelt, sehen Sie vom Verzehr ab. Für eventuelle Schäden übernimmt der Verlag keine Haftung.

FSC® www.fsc.org
MIX
Papier | Fördert gute Waldnutzung
FSC® C147178
Penguin Random House Verlagsgruppe FSC® N001967

2. Auflage
Originalausgabe 2024

Neumarkter Straße 28, 81673 München
Redaktion: Angelika Lieke
Mitarbeit: Johanna Wohlleben, Patrick Esser, Jonas Weinand, Peter Wohlleben,
Maura Beusch, Laura von Witzenhausen und Tobias Wohlleben
Umschlaggestaltung: Eisele Grafik·Design, München,
unter Verwendung eines Fotos von © Adobe Stock/Nhan, Robsonphoto (vorne)
und © Wohllebens Waldakademie (hinten)
Layout und Gestaltung: Eisele Grafik·Design, München
Illustrationen: Mascha Greune, München
Bildredaktion: Tanja Zielezniak
Satz: Buch-Werkstatt GmbH, Bad Aibling
Druck und Bindung: Pixartprinting, Lavis
Printed in Italy
ISBN: 978-3-453-28161-5
www.Ludwig-Verlag.de